JN188740

—数千ページにもわたるハンドブックを活用した
テキストコミュニケーションの作法—

$GitLab$ に学ぶ

パフォーマンスを最大化させるドキュメンテーション技術

Documentation techniques
for maximizing performance

［監修］
GitLab スタッフソリューション
アーキテクト ／ GitLab シニアソリューション
アーキテクト
伊藤俊廷／佐々木 直晴

［著者］
千田和央

SE
SHOEISHA

本書内容に関するお問い合わせについて

このたびは翔泳社の書籍をお買い上げいただき、誠にありがとうございます。弊社では、読者の皆様からのお問い合わせに適切に対応させていただくため、以下のガイドラインへのご協力をお願い致しております。下記項目をお読みいただき、手順に従ってお問い合わせください。

●ご質問される前に

弊社Webサイトの「正誤表」をご参照ください。これまでに判明した正誤や追加情報を掲載しています。

正誤表　https://www.shoeisha.co.jp/book/errata/

●ご質問方法

弊社Webサイトの「書籍に関するお問い合わせ」をご利用ください。

書籍に関するお問い合わせ
https://www.shoeisha.co.jp/book/qa/

インターネットをご利用でない場合は、FAXまたは郵便にて、下記"翔泳社 愛読者サービスセンター"までお問い合わせください。電話でのご質問は、お受けしておりません。

●回答について

回答は、ご質問いただいた手段によってご返事申し上げます。ご質問の内容によっては、回答に数日ないしはそれ以上の期間を要する場合があります。

●ご質問に際してのご注意

本書の対象を超えるもの、記述個所を特定されないもの、また読者固有の環境に起因するご質問等にはお答えできませんので、予めご了承ください。

●郵便物送付先およびFAX番号

送付先住所　　〒160-0006　東京都新宿区舟町5
FAX番号　　　03-5362-3818
宛先　　　　　（株）翔泳社 愛読者サービスセンター

はじめに　リモート組織を可能にするドキュメント文化

　皆さんは「ウルク古拙文字」という文字をご存じでしょうか。

　メソポタミア文明の遺跡から出土した粘土板に書かれていた、楔形文字の原型となった文字です。これら世界最古の「ドキュメント」ともいうべき粘土板が残っているおかげで、今から4,000年以上も前に書かれた『ギルガメッシュ叙事詩』のような文学作品から、「当時の領収書」といった日常生活を知ることができる情報まで、現在でも確認することができます。私たちが口頭で言った言わないを争ったり、数日前に何を食べたのかすら曖昧な生活を送っていたりする中で、「ドキュメント」は歴史を越えて、揺るぎない情報を私たちに伝えてくれます。

　その一方で、ドキュメントと同じ「テキスト」が用いられているSNSでは、さまざまな人たちが対立を深め、相手を論破しようと嚙み合わない議論を交わして分断を招いてしまっています。インターネットを通じたテキストコミュニケーションは距離を超えて集合知を活用できるツールのはずなのに、うまく使いこなせているとは言い難い状況です。

　さらに別の視点で見てみると、コロナ禍による影響で私たちの生活は一変し、リモートワークが普及しました。その一方で、リモートワークやテキストコミュニケーションをうまく活用できずに、オフィスへと回帰してしまっている企業も増えています。私たち人間は、せっかく「ドキュメント」と「テキスト」という素晴らしいツールを持っているにもかかわらず、しっかりとそれを使いこなせていない状態だといえるのではないでしょうか。

　逆にいえば、ドキュメントとテキストコミュニケーションをう

まく使いこなせれば、時間や場所、価値観の違いを乗り越えてコラボレーションすることが可能になるかもしれません。そして、そうしたコラボレーションを実現している組織やチームは現実に存在しています。その代表的なもののひとつが、本書で取り上げる「GitLab」という組織です。

　本書は、世界でも有数のドキュメント作成ノウハウを持っているGitLabを参考にした**「ドキュメント作成」や「テキストコミュニケーション」の入門書**です。GitLabという組織は、世界65カ国上に2,000名を超えるメンバーが所属しているグローバルカンパニーです（2024年10月時点）。あらゆる国籍や価値観、タイムゾーンに存在するメンバーのパフォーマンスを引き出すためには、**ドキュメントが鍵である**とGitLabは述べています[1]。

　情報が蓄積されたドキュメントが存在することによって、いつでもたくさんの人が必要な情報にアクセスでき、無駄な作業が繰り返されず、信頼性の高い情報をベースに業務を進めていけるようになります。インターネットとドキュメントさえあれば、時間帯や場所に制限されずに、チームメンバーがさまざまな認識の違いを乗り越えて生産性の高い業務プロセスを実現できるようになるのです。

　本書では、このような効果的なドキュメントをどうすれば作成できるのか、GitLabのドキュメント作成ノウハウに基づいて解説していきます。また、GitLabのドキュメント作成方法はかなり具体的なルールや手法が示されていますが、本書ではその背景にある理論や研究についても触れながら学んでいくことで、表面的な理解だけでなく根本の思想についても学習し、応用できるように説明していきます。

GitLab ではすべてのチームメンバーが ドキュメント作成スキルを身につける

GitLabでは徹底したドキュメントやテキストコミュニケーションの活用が行われており、あらゆる国籍のすべてのチームメンバーがドキュメントやテキストコミュニケーションのスキルを身につける前提で組織が設計されています。

GitLabのトレーニング内容は、「**GitLab Handbook**[2]」という情報源に誰でもアクセスできるように公開されており、ドキュメントを作成する方法以外にもさまざまな有益な情報が掲載されているので、興味がある方はぜひご覧になってください。

その一方で、「GitLab Handbook」の内容は全体で3,000ページ（2024年10月時点）を越え、しかも英語で書かれているために読み解くハードルが高いと感じるかもしれません。また、英語と日本語の違いや日本の社会、ビジネス慣習とどのように整合性を取るべきなのかを知りたいと考える方もいるはずです。そうした方々に向けて、**誰もが適切にドキュメント作成やテキストコミュニケーションを行えるようになること**を目指して企画されたのが本書です。

GitLabのドキュメント作成やテキストコミュニケーションに関するトレーニングについて、日本のカルチャーや背景情報も踏まえて解説することで、GitLabのノウハウを日本のチームでも使えるように意識しています。本書を参考にトレーニングしていくことで、ドキュメント作成の基本的なスキルが得られることを目指します。

本書の構成

それでは本書の構成について詳しく見ていきましょう。

まず、序章では、「本書で目指すドキュメントとは何か」という前提基準をそろえていきます。

日本では大半の人が文字を書くことができますが、それでも意図が伝わらなかったり、活用されないドキュメントを作成してしまったりすることがあります。序章では、このような「文字を書くこと」と「ドキュメントを作ること」の違いについて言及し、どのような意図を持ってドキュメントを作成していくべきなのかについて論じています。

それに次ぐ第1部では、GitLabで実際に活用されているドキュメントがどのようなものなのかを実例を交えて解説していきます。GitLabの根幹を成している「GitLab Handbook」やミーティングのアジェンダ、業務をチケットとして管理するイシューというドキュメントなどのユニークなドキュメントについて説明します。

また、私たちが普段コミュニケーションをする上でどのような問題が発生しているのかを改めて整理し、ドキュメントのどのような効力を活用することによって問題を乗り越えようとしているのかを明らかにしていきます。加えて、GitLabがドキュメントを効果的に活用するために用意しているルールについても紹介していくので、ここで紹介するルールやガイドラインを流用していただくことで、皆さんの組織にも効果的にドキュメントを活用するための土台を導入していくことができるでしょう。

このように第1部では、組織に対して発揮されるドキュメント

の価値や組織に浸透されるために活用できるフレームワークを学ぶことができる内容にしています。

第2部では、実際に効果的なドキュメントを作成するためのスキルについて述べていきます。

まず、効果的なドキュメントを作成するために押さえるべきポイントや品質について解説を行い、スキルを活用して実現したいゴールをイメージできるようにしています。ここで紹介しているのは効果的なドキュメントを作成するためのポイントなので、ドキュメント作成に慣れていなくても、チェックリストとして活用することもできるでしょう。

それに続いて、GitLabがチームメンバー向けに提供しているライティングのトレーニングについて解説します。世界中にチームメンバーがいるGitLabが提供している実績のあるトレーニングですから、皆さんにとっても価値があるコンテンツになっているはずです。

さらに、普段の業務を通じてどのようにライティングのスキルを高めていくのかについて説明し、具体的なメッセージの組み立て方や表現方法についても学んでいきます。

最後の第3部では、より具体的なシーン別のドキュメント作成について説明していきます。ハンドブックや議事録、レポートなどの日々の業務でドキュメントを作成する際の注意点や、Slackやメールでのテキストコミュニケーションについて説明します。

それぞれのドキュメントで押さえるべき重要なポイントやテンプレートなどを活用した導入方法についても見ていきます。これらは、今日からでも取り入れることができる内容になっているので、気軽に試していただくことで効果を実感できるでしょう。

本書の目的

　本書では、ドキュメント作成が得意な人も、逆にドキュメント
を作ることに抵抗感が強い人にとっても、**なぜドキュメントに価
値があり、どうすればドキュメントを作れるようになるのか**理解
できるように努力しました。世の中には多くのライティングに関
する書籍がありますが、ロジカルシンキングで文章を組み立てる
といった抽象的過ぎて実務に活かしづらいものや、具体的ではあ
るものの、特定のシーンでしか使えない汎用性の低いものになら
ないよう、効果的なドキュメントを作成するための根底に流れる
思想が理解できるように執筆しました。思想が把握できれば、そ
れを活用することで、さまざまな日常業務のシーンで効果的なド
キュメントの作成やテキストコミュニケーションができるように
なるはずです。

　本書を通じて、ドキュメント作成の苦手意識が払拭でき、より
効率的にドキュメントを作成できることを願っています。

監修の言葉

　GitLabでは対面や同期的なコミュニケーションも重要視していますが、非同期的なコミュニケーションを避けることはできません。前作の『GitLabに学ぶ 世界最先端のリモート組織のつくりかた』に続き、本書では、非同期的なコラボレーションをいかに効率化し、働きやすい環境へと改善するかに焦点を当て、特にドキュメンテーションの重要性を解説しています。

　たとえオフィスで働く企業でも、他のメンバーとのコミュニケーションの大半はリモート的であり、非同期的なコラボレーションが不可欠です。メールやチャット、ミーティング資料の事前共有など、これらはすべて非同期的なコミュニケーションの一部です。本書には、リモート環境やオフィス環境に関係なく、すべてのオフィスワーカーにとって実践的で役立つプラクティスが豊富に盛り込まれています。ぜひ多くの方々に、私たちが実感したドキュメント化の効果を体感していただきたいと思います。

　非同期的な環境では、テキストベースのコミュニケーションや情報のドキュメント化が重要です。しかし、これらの技術を組織のパフォーマンス向上にどのように結びつけるかについては、まだ十分に理解されていない側面があります。たとえば、チャットツールは、多くの組織でも導入されていますが、漫然と使用するだけでは真の効果は得られません。チャットツール導入の結果、ドキュメンテーション文化が欠如し、単なるチャット偏重の文化に陥るかもしれません。

　私が考えるドキュメンテーション文化の最も重要な一歩は、組織内に「GitLab Handobook」のような共通の認識の土台を確立

することです。本書ではGitLabの事例をもとに紹介していますが、ルールは組織によって異なるべきです。重要なのは、ドキュメンテーションやコミュニケーションにおける共通ルールを作り、なるべく多くのメンバーが「同じ働き方」を理解し実践できるようにすることです。それが組織全体の効率化につながります。まずはメモレベルでも良いので共通ルールを作成し、それをさらにハンドブックとしてドキュメント化することが理想です。本書には「ハンドブックのドキュメント作成」に関する章があり、必要な要件やツールの選定方法に一歩踏み込んで解説しているので、これからハンドブックを作成する方の参考になります。

　私自身、GitLabに参画して以来、膨大なハンドブックの活用や組織全体の透明性を維持することが、チームの成果最大化に貢献することを強く実感しています。しかし、GitLabにおいても常に「より良い働き方」や「ドキュメンテーション」を徹底できているわけではなく、改善の余地がある場面もあります。そのため、書籍やスライド資料の公開で終わらせるのではなく、継続的に啓蒙を続けることが必要です。読者の皆さんとともに、この考え方を広め、実践していけることを願っています。

　最後に、前作に続き、本書でも働き方に関する千田和央氏の継続的な発信活動に感謝致します。また、組織内外のセミナーで意見交換をしてくださった皆さんにもお礼を申し上げます。そして、常に本書に書かれているプラクティスを社内で率先して実践してくれている佐々木直晴氏にも感謝の気持ちを伝えます。

2024年12月

GitLabスタッフソリューションアーキテクト　伊藤 俊廷

監修の言葉

　Developers Summit 2022にて、所属企業であるGitLabでの働き方を「GitLab社で学んだ最高の働き方」として発表させていただき、皆様からたくさんの反応をいただきました。著者の千田和央氏とはその発表がきっかけとなり、本書の前作である『GitLabに学ぶ 世界最先端のリモート組織のつくりかた』にてGitLabの思想や実践的ノウハウを丁寧に言語化していただきました。

　私たちGitLabの文化では、チームメンバー全員が効果的なドキュメント作成と非同期でのコミュニケーション能力を身につけることが不可欠と考えています。世界中のメンバーがオフィスに頼らずパフォーマンスを最大化できるのは、情報がドキュメントとして共有され、透明性が維持されているからです。こうしたアプローチにより、時間や場所に制約されることなく、効率的で信頼できるコラボレーションを実現しています。

　本書の意義は、単なる技術やプラクティス、ツールの紹介を超えて、情報がどのように価値を生み出すのかという「原理と思想」にまで踏み込んでいる点にあります。ドキュメント作成のノウハウに関する具体的なルールに加え、それを支える理論的背景や学術的なエビデンスについても丁寧に説明されているため、単なる表面的な知識にとどまらず、深い理解と応用に役立てることができる内容です。情報や認識の共有のためのドキュメンテーションは、リモートワークだけでなく、オフィスに出社して働く環境であっても重要だと考えます。むしろ、口頭での伝達が容易な環境においてこそ、より意識すべきであるとすらいえると思います。

　最後に、本書を手に取ってくださった皆様が、GitLabのノウ

ハウを活用し、各自の組織で新たな働き方を実現していくことを心から願っています。ドキュメントとテキストコミュニケーションを上手に活用することができれば、チームの生産性は飛躍的に向上し、組織の進化を牽引する大きな力になるでしょう。

　GitLabでの実践から得た知見が、皆様にも新しい価値をもたらすと信じています。ドキュメントとテキストの力を最大限に引き出し、次世代の働き方をリードしていきましょう。

2024年12月
GitLabシニアソリューションアーキテクト　佐々木 直晴

GitLabに学ぶ パフォーマンスを最大化させる ドキュメンテーション技術

数千ページにもわたるハンドブックを活用したテキストコミュニケーションの作法

●目次●

序章
ドキュメントについて知る

第6章

Valueを活用してライティングスキルを向上させる

第7章

メッセージの組み立て方

第8章
メッセージの表現方法

第**9**章

ハンドブックのドキュメント作成

第**10**章

アジェンダの作成

第14章
イシューの作り方

会員特典データのご案内

本書の読者特典として、「用語集」をご提供致します。本書の理解にご活用ください。
会員特典データは、以下のサイトからダウンロードして入手いただけます。

https://www.shoeisha.co.jp/book/present/9784798185705

※会員特典データのファイルは圧縮されています。ダウンロードしたファイルをダブルクリックすると、ファイルが解凍され、利用いただけます。

※会員特典データのダウンロードには、SHOEISHA iD（翔泳社が運営する無料の会員制度）への会員登録が必要です。詳しくは、Webサイトをご覧ください。

※会員特典データに関する権利は著者および株式会社翔泳社が所有しています。許可なく配布したり、Webサイトに転載したりすることはできません。

※会員特典データの提供は予告なく終了することがあります。予めご了承ください。

※会員特典データの提供にあたっては正確な記述につとめましたが、著者や出版社などのいずれも、その内容に対してなんらかの保証をするものではなく、内容やサンプルに基づくいかなる運用結果に関してもいっさいの責任を負いません。

※図書館利用者の方もダウンロード可能です。

ドキュメントについて知る

「文章が書ける」ことと
「ドキュメント作成ができる」は異なる

　日本の識字率はほぼ100%であり、多くの人にとって文章は苦労せずに自然と書くことができるものであるはずです。その一方で、ビジネスにおいてドキュメントを作成することや、テキストによるコミュニケーションにわずらわしさを感じて、つい直接の会話を優先してしまうことは皆さんにも心当たりがあるのではないでしょうか。

　これは、「ドキュメント作成のコストが高いことに加えて、文字だけでは情報が伝えきれないのではないか」と暗黙のうちに考えているため、「手間をかけてドキュメントを作るよりも、直接話したほうが早いし確実だ」と感じているからだと思います。

　しかし、ドキュメントは本当にコストが高く、情報が伝わりきらないのでしょうか。

　皆さんが自分自身でドキュメントを作成するときのことを考えてみましょう。実際のところ、ドキュメント作成にかかるコストの大半は、文字をタイピングする労力ではなく、「頭の中にあるアイデアを言語化すること」と「文章構成を構想すること」に割かれています。つまり、ドキュメントを作成する上で「言語化」と「文章構成」が面倒だと感じているのではないでしょうか。

　また、情報の伝え方に関しては、何を伝えるべきか「要点」が具体化しづらいことと、効果的に伝達する「表現方法」を知らないため、直接の会話を通して直接声を出して考えをまとめないと、伝達したい内容の「要点を絞りきれない」ことが情報が伝わりきらないことの要因になっているように思えます。

　このように、適切に「言語化」「文章構成」「要点整理」という

ドキュメント作成を行うためのスキルが身についていないために、ドキュメント化のハードルが高く面倒に感じてしまうのです。

ですが、**文章の組み立て方をパターン化することができれば、**決まったパターン通りに文章を組み立てればいいわけですから、文章構成を検討する労力をなくすことができます。また、**伝えるべき内容を頭の中でどう整理すればいいのかフレームワークを学習すれば、**押さえるべきポイントが漏れなく整理でき、伝わりやすいドキュメントを作成できるはずです。

これらのスキルに習熟し、当たり前に使えるようになれば、まるで自転車に乗るように自然にドキュメントを作成できるようになります。そうなれば、わずらわしさを感じずにドキュメントの力を引き出せるようになるはずです。

本書でドキュメント作成のノウハウを学び、簡単かつ伝わるドキュメントの作り方をマスターしていきましょう。

読解力や言語化能力は人によって差がある

せっかくドキュメントを作成したとしても、書かれている内容が相手に伝わらなくては活用できません。実用的なドキュメントを作成するためには、**「伝わること」を意識して作成しなければならない**のです。

そのため、GitLabが推奨しているドキュメント作成能力は、文豪のように複雑で難解な文章を書くことや詩人のように表現豊かな文章を使いこなすことではありません。多くの人にとって役立つ文章を作成するために**「適切に情報伝達できるドキュメント作成スキルを身につけること」**が重要であり、そのためのトレ

ーニングを提供しているのです。

　図表1は、GitLabがドキュメント作成の目安として参考にしている「読解力」に関する資料です。アメリカの成人の50%は8th-grade（日本の中学2年生レベル）の読解力であるという調査[1]です。「Flesch–Kincaid readability tests」という、英語圏では有名な読みやすさの指標を用いて調査した結果で、小学5年生レベルであれば大半の人はスムーズに理解できるものの、高校3年生レベルになると十数%まで落ちてしまいます。GitLabはこの調査を参考にして、8th-grade（中学2年生レベル）の読解力を

アメリカ成人の読解力は？

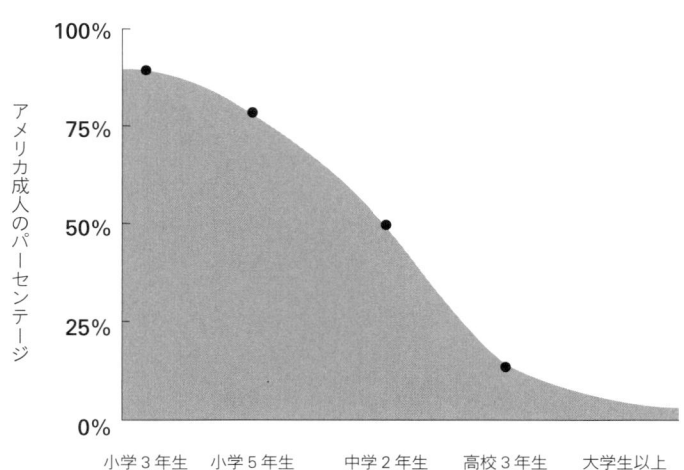

出典：SHANE SNOW, "WHAT READING LEVEL SHOULD YOU WRITE AT?" を著者翻訳
URL：https://shanesnow.com/research/data-reveals-what-reading-level-you-should-write-at（2024/06/06）

■ **図表1　アメリカにおける読解力調査**

想定して、ドキュメントを作成するという指針を示しています。

　また、他の研究[2]によると、ストレスなくカジュアルに読める文章は、自分が読める読解レベルの2学年下のレベルだともいわれています。そのため、アメリカでは医療や安全に関する情報は5th-grade（小学5年生レベル）で書くことを求める法令も多いようです[3]。

　経済協力開発機構（OECD）が世界81カ国・地域の15歳、69万人を対象として2022年に行った調査[4]では、日本は世界3位（516点）の読解力があることがわかっています。第6位（504点）のアメリカとさほど開きがないことを考慮すると、日本人の読解力もそこまで大きな違いはないと考えられます。

　新井紀子氏の『AI vs. 教科書が読めない子どもたち』（東洋経済新報社）で紹介されている日本人を対象にした読解力の調査によると、図表2のような文章を正確に読み解けたのは中学生で38%、進学校の高校生でも65%の正答率に過ぎませんでした[5]。

次の文を読みなさい。

Alexは男性にも女性にも使われる名前で、女性の名Alexandraの愛称であるが、男性の名Alexanderの愛称でもある。

この文脈において、以下の文中の空欄に当てはまる最も適当なものを選択肢のうちから1つ選びなさい。

Alexandraの愛称は（　　　）である。

① Alex　　② Alexander　　③ 男性　　④ 女性

出典：新井紀子『AI vs. 教科書が読めない子どもたち』（東洋経済新報社、2018、200p）

■ **図表2　基礎読解力調査の問題**

正解は①のAlexですが、中学生の場合は④の女性を選んだ人のほうが多かったそうです。同書では他にも読解力についての調査をいくつか紹介しているので、興味がある方はご覧になってみてはいかがでしょうか。

　こうした事例からもわかるように、日本でもアメリカと同様に難解な文章を読み解ける人はごくごく限られた人だと想定しておいたほうが良いのかもしれません。

　読解力というテーマに対しては、学力の低下が原因であり、教育を強化すべきであるという意見も見かけます。確かに、教育によって読解力を一定程度向上させることはできるでしょう。しかし昨今では、これは読解力の訓練だけでは解決できないという見解もあります。

　全米大学教授トップ10（『CEOWORLD』誌）、世界で最も影響力のある100人（『タイム』誌）にも選出されたテンプル・グランディン教授によると、物事を思考するときに文章ではなく画像優位で考える**視覚思考（ビジュアルシンキング）**をしている人が一定数いることを『ビジュアル・シンカーの脳』（NHK出版）の中で説明しています。

　同書によると、ビジュアル・シンカーの人たちは脳の視覚システム部分を用いて、物事をイメージによって思考しているといわれています。たとえば、「美しいものとは何か？」と問われて、言語優位の人は「善」や「均衡」、「黄金比」などの言葉を思い浮かべ、関連する情報を組み立てて納得感のある説明にまとめ上げることができます。しかし、画像優位の人が同じ問いをされたときに頭の中に浮かんでいる思考は、ゴッホの『星月夜』（図表3）のような風景かもしれません。このようなイメージを言葉で他人に伝えようとすると、果たしてわかりやすく伝えることができる

■図表3　ゴッホ『星月夜』

でしょうか。

　このように思考の流れには個人によって違いがあることがわかってきました。

　テンプル教授によると、ビジュアル・シンカーの人たちは、脳の言語システムを用いて「起承転結で論理立てた文章をまとめる」という作業が苦手なのだそうです。それに対して、言語化が得意な人は、慣れ親しんだ言語を自然に使いこなせるため、言語化できない人に対して、トレーニングをしていない努力不足であるように感じてしまいます。しかし、生まれ持った特性によって困難であることもあるのです。もしかすると、言語化が得意な人は、自分自身が言語思考に偏った人間である可能性があるという視点を持つべきなのかもしれません。

　テンプル教授によると、ビジュアル・シンカーは文章で物事を考えることは苦手かもしれませんが、自然界に存在するパターンを認識したり、創造的な発想に優れていたりする人も多いそうで

す。トーマス・エジソンやアルベルト・アインシュタインなどの
クリエイティブな人たちはビジュアル・シンカーだったのではな
いかとも述べています。

標準的IQテストを生み出したルイス・ターマンが、IQテスト
で135〜200という高いスコアを取った子どもたちを70年間追跡す
るという大がかりな調査を行っています。追跡調査ができたのは
750人程度でしたが、社会的に成功している人はいるものの、ユ
ニークな発見や芸術を生み出す創造的な人物だと判断された人は
わずか数名しかいませんでした。この調査からわかることは、
IQの高さが必ずしも世の中にインパクトを与えられる天才性や
創造性につながるわけではないということです。その裏返しに、
論理的に物事を説明するのが苦手な人や言語化が得意でない人た
ちの中にも素晴らしい発見や創造性を発揮する人がいる可能性が
あります。言語化が苦手な人を仕事ができない人であると切り捨
ててしまうと、ビジュアル・シンカーが秘めている可能性をつぶ
してしまうのかもしれません。

こうした視点を持つと、IKEAの創業者イングヴァル・カンプ
ラード氏がそうであることで有名な「ディスクレシア（文字の読
み書きに限定した困難を持つ症状）」のような極端な例でないに
しろ、画像的に思考する脳が存在しているという視点は、人々が
ドキュメントを活用してコラボレーションを目指す上で考慮すべ
きポイントだと感じられると思います。

余談ですが、IKEAで売られている商品の説明書は文字が少な
く、ほぼイラストだけで構成されています。言語思考の人は「も
っと文字で表現してくれ」と感じるかもしれませんが、IKEAの
説明書が世界中に受け入れられている状況を考えると、成人の読
解力が中学２年生レベルであるという調査にもリアリティが増し

ます。私たちが思っているよりも、多くの人たちがビジュアル・シンカーなのかもしれません。

世の中には「言語的に思考する脳」を使って考える人と「画像的に思考する脳」を使って考える人がおり、一般的な多くの人がその中間である（両方使う）というグラデーションを考えると、ドキュメントの効果を最大化させるためには、できるだけ多くの人にとって「理解できる読解難易度」を設定してドキュメントを作成することが必要であるという視点は受け入れやすいのではないでしょうか。

こうした背景があるからこそ、GitLabがドキュメントを作成するときに「中学2年生レベル」を目安にするようにしていることも理解できます。GitLabのトレーニングやガイドラインは、こうした視点を持って設計されていることから、効果的なドキュメントを作成するスキルを磨く上で皆さんにとっても有用なものであるはずです。

テキストコミュニケーションは人を傷つけやすい

ビジュアル・シンカーの例を考えてみると、チャットツールでテキストコミュニケーションになじめる人とストレスを感じる人がいることにも理解が示せるのではないでしょうか。

言語化が得意な人にとって、テキストコミュニケーションはコミュニケーションをする上で効率的で最適なツールといえます。テキストコミュニケーションでは文字以外に余計な情報が入ってきませんし、よくわからない説明を長々と聞かされて時間が奪われることもありません。テキストで表現されている内容を文字通

りそのまま受け止めることができる、論理的で自然なコミュニケーションになります。明瞭かつシンプルであるため、テキストコミュニケーションに心地よさすら感じている人もいるでしょう。

　一方で、言語化が得意な人を除いた大半の人たちにとっては、テキストだけで判断するのは少しばかり違和感のあるコミュニケーションになるはずです。そうした人たちが経験してきたコミュニケーションは、テキスト情報だけでなく、相手の表情や声のトーン、力関係、コンテクストなどを含めて**意味を想像するもの**だからです。

　このように考えるとテキストコミュニケーションが難しいといわれるポイントが見えてくるのではないでしょうか。つまり、テキストコミュニケーションでは、対面のコミュニケーションに比べて、表情や声のトーンといったコミュニケーションに活用できる**「情報量が欠けてしまっている」**のです。相手が笑っているのか、それとも怒っているのかわからないメッセージを受け取ってしまった場合、私たちはどのように感じるでしょうか。

　チャットやSNSで使用される「。（句点）」に威圧感を覚え、怒られていると感じることが「マルハラ」として話題になりました。英語圏でもZ世代は「.（ピリオド）」で終わる文章を攻撃的なメッセージだと感じるという記事もあります。私たちは、相手の顔が見えないと、ポジティブ、ネガティブのどちらとも取れるメッセージについては、ネガティブ要素を見いだしがちな傾向があります。これはネガティビティ・バイアスと呼ばれています。

　普段の皆さんの仕事を想像してみてください。仕事で褒められたことはすぐに忘れてしまいますが、失敗したり怒られたりしたことに対しては、夜も眠れないくらい悩んでしまうことはないでしょうか。生き物は危険を回避するためにポジティブよりもネガ

ティブを重く評価するという説もありますし、特に悪い感情も込めていないシンプルなメッセージからでも「機嫌を損ねてしまったかな」「あまり意に沿っていなかったかな」「自分に興味がないのかな」など、ネガティブな文脈を想像してしまうことがあるのです。テキストメッセージではポジティブな感情が読み取れないメッセージは「**ネガティブに受け取られてしまう**」と考えておいたほうが良いでしょう。

あなたが送ったメッセージにネガティブな意図がなかったとしても、相手がネガティブに受け取ってしまうとパフォーマンスが低下してしまいます。自分が期待されていないと感じてしまうとパフォーマンスが低下する「ゴーレム効果」と呼ばれる現象がありますが、「自分なんて価値がない」と考えてモチベーションを下げてしまったり、これ以上悪く思われないために失敗をしない最低限の仕事にしか取り組まないことなどがパフォーマンスの低下に影響すると考えられます。十分なパフォーマンスが発揮できない結果、あなたに嫌われていると思い込んでますますコミュニケーションを避けたり、ストレスが長時間続いたりすることでメンタルヘルス疾患につながってしまうこともあります。

しかし、テキストメッセージになることで、本来はポジティブな期待を抱いていたり、まったくネガティブな感情がないという情報が「欠落していること」に気が付けば、対策を練ることができます。つまり、テキストメッセージになることで欠落した情報を、**何らかの形で補填すれば良い**のです。

GitLabでは効果的なテキストコミュニケーションをするために**「感嘆符」や「絵文字」を活用したほうが良い**というアドバイスをしています。テキストになることで欠けてしまった表情やトーンといった情報を「感嘆符」や「絵文字」で補填していると考

えると、こうしたアドバイスにも納得感が生まれてきます。ですから、絵文字はビジネスの場ではカジュアル過ぎるとか、自分のキャラクター的に絵文字を使うことに抵抗があると考えている人も、ぜひこうした観点から使ってみてはいかがでしょうか。

　また、別の視点としてメッセージの送り手が無意識のうちに人を傷つけてしまうケースについても考えてみましょう。相手の顔が見えないと「没個性化」と呼ばれる現象が起き、攻撃的なメッセージを送りやすくなってしまいます。目の前にいる人に対して「あなたは間違っている！」と直接追及するケースは少ないと思いますが、テキストメッセージでは抵抗なく送信できてしまうことがあるのです。

　このようにモニター画面越しにテキストを作成していると、相手の表情や感情を想像できず、冷たいメッセージを作成してしまうことがあります。しかし、モニターの向こう側には生きている人間が実際に存在しています。直接会ったときに言えないようなメッセージによって、相手を深く傷つけてしまうこともあるでしょう。メッセージを送った側が、「自分は正しいことを言っているのだから問題ない」と思っていても、相手は攻撃されたと感じて良好な関係を作りづらくなったり、パフォーマンスが低下してしまったりする可能性があります。こうした無意識の攻撃を避けるために、**相手の表情や感情を想像して思いやりを持ってテキストを作成すること**も重要です。

　本書には、このようなテキストコミュニケーションで欠けてしまう情報を補完できるノウハウが詰まっています。ぜひとも使いこなして、ドキュメントやテキストコミュニケーションの力を最大限に活用できるようにしていきましょう。

ドキュメント作成はカジュアルに学習できる

　こうしたドキュメントに関する基礎知識を踏まえて、本書で想定している読者は次のような人たちです。

　まずは効果的なドキュメントやテキストコミュニケーションを活用したいと考えていて、スキルの習得に悩んでいらっしゃる方々です。本書で説明する内容はレポートを作成したり、伝わるメールを書いたりといった日常業務で今日から取り入れられるものになっています。紹介されている内容を実務で活用することで、実践を通じてスキルを磨いていけるでしょう。

　次に、ドキュメントやテキストコミュニケーションのスキルに課題は感じていないものの、もっとコストパフォーマンス良くドキュメントを活用したいと考えている方々です。GitLabのドキュメント活用には、世界規模のオールリモート運用で洗練させてきたさまざまなTipsがちりばめられています。効率的でスムーズなドキュメント作成や運用を目指す上で参考になる情報や、より効果的に活用するための方法が見つかるはずです。

　最後に、効率的なドキュメント作成のカルチャーをチームや組織に根付かせたいチームリーダーや組織変革者の皆さんです。本書を参考にしてトレーニングを提供し、運用ルールを丁寧に設けることで、チームや組織にドキュメントやテキストコミュニケーションのスキルを根付かせていけるはずです。本書をトレーニング用の教材として活用してもらうことも想定しています。

　GitLabが世界中のメンバーとコラボレーションできていることからもわかるように、いずれの読者の方々にとっても、ドキュメントやテキストコミュニケーションは学習によって身につけら

れるスキルです。フレームワークやルールに従って実践することで徐々に慣れていきながら習得できるはずです。

　また、本書で説明するドキュメントやテキストコミュニケーションは、特に時間をかけて準備しなくても思いついたところからカジュアルに開始できるため、テキストコミュニケーションの経験が少ない方でも取り入れやすい内容になっています。

　ライティングに関する書籍は数多く存在していますが、それらの書籍ではロジカルシンキングやピラミッドストラクチャーなどを活用して、コンサルタントのように完璧なドキュメントを作成できる状態を目指しているものが多い印象があります。しかし、本書が目指しているのは、最低限押さえるべきポイントが理解でき、日常的な業務を通じてドキュメントを育てていく方法について説明していきますので、実践を通じて容易にスキルを磨いていけるはずです。

第1部

GitLabの
ドキュメントを
理解する

「ドキュメントには価値がある」こと自体はなんとなく理解できる気がするが、手間をかけてまでドキュメントを作る価値があるのか疑問に思う人もいらっしゃるでしょう。ドキュメントやテキストコミュニケーションによって発生する問題も多いのならば、直接話したほうが早いし楽だと感じるのも無理はありません。

　事実として、東京都の調査[1]によると、新型コロナウイルスが流行していた時期は65%だったテレワークの実施率が、令和6年時点では43%まで低下しています。テレワークがうまくいかずにオフィスワークに戻した企業やオフィス中心のほうが望ましいと考えた企業が多かったわけです。

　その一方で、テレワークを完全になくすことも現実的ではありません。テレワークには働く場所や時間に融通が利くという利点があり、リモート環境でも十分な成果を出せるインフラが整ったこともあって、テレワークのメリットをすべて捨てることも難しいでしょう。今後、労働力が不足するといわれる中で、社員の住んでいる場所や働ける時間帯の柔軟性を確保する必要もあります。これからしばらくの間は、テレワークは大幅に増減することもなく、テレワークとオフィス出社が混在している状態が続くことになると思います。

　テレワークがなくならないのであれば、テキストコミュニケーションの重要性も減ることはないでしょう。常にオフィスに集まることも難しいでしょうから、ドキュメントも活用されるはずです。たとえオフィスに出社して仕事をする場合であっても、会議の議事録を取ることや報告書などのドキュメントを作成することも当然発生します。外部に向けてプレスリリースを出すこともあれば、メールで連絡することもあるはずです。プライベートで家族とのコミュニケーションにLINEを使うことや、SNSでネット

上の知人と仲良くなることにもテキストコミュニケーションが必要になります。こうしたことを考えると、ドキュメントやテキストコミュニケーションがうまくできることは、大いに価値がありそうです。

しかし、本書ではドキュメントやテキストコミュニケーションには、さらに大きな価値があることを述べていきます。それは、**ドキュメントがあることで「人と人がわかり合える」**ということです。

私たちは本能的に人との良好な関係を求めていますが、時にはそれがうまくいかずにお互いを非難し合ったり、相手に失望したり、恐怖によって成すべき行動を踏み出せなかったりしてしまうことがあります。しかし、そうした状況でも**ドキュメントをうまく活用できれば、このような認識の違いを乗り越えて良好な人間関係を築き、ともに前向きにコラボレーションできるようになること**を、本書ではドキュメントのメリットとして主張しています。

第1部では、このドキュメントの力を最大限に活用している**GitLabという会社のドキュメント活用**について解説します。

まずは、GitLabという世界的に成功している組織がどのようなチームであるかという紹介と、組織運営の根幹を成しているハンドブックというドキュメントを中心に概要を説明します。そして、人間関係の齟齬が生じる「わかりあえなさ」のメカニズムを掘り下げ、ドキュメントがその齟齬をどうやって乗り越える手段となるのか「わかり合う」ためのプロセスについて説明します。これによって乗り越えるべき課題や目的を明らかにします。最後に、GitLabが実際にドキュメントやテキストコミュニケーションを効果的に活用するために明示している、考え方やルールについて具体的に紹介します。

世界最先端のリモート組織を
支えるドキュメント

世界最先端のリモート組織「GitLab」

　GitLabはオフィスを持たず、世界65カ国以上にまたがる2,000名以上のチームメンバーが在籍している、すべてがリモートで完結している企業です。GitLabはDevOpsという効率的なソフトウェア開発手法を実現する「GitLab」というプラットフォームサービスを提供しており、2011年の創業から現在までに時価総額1兆円（2024年10月時点）を超えるまでに成長しています。

　世界中のメンバーが時間や場所を問わずに1つのサービスを作り上げることに成功している稀有な事例として、ハーバード・ビジネス・スクールのケース問題に取り上げられるなど、世の中を代表するリモート組織として知られています。

　そのGitLabが、世界中に散らばっている「常識」も「居住地」も「活動時間帯」も異なるメンバーを活躍させている方法こそが**「ドキュメント」**と**「テキストコミュニケーション」**です。ドキュメントとテキストコミュニケーションを活用することで組織に発生する非効率を抑え、あらゆる状況に置かれているメンバーがパフォーマンスを発揮できるようにしています。

　実際、GitLabでは組織内での本音を伝えやすい匿名の組織サーベイを定期的に実施・公開しており、その中で「多様性」や「置かれている状況の違いにかかわらずパフォーマンスが発揮できている」というインクルージョンの項目で82%が好意的な回答を示しています。また、事業の将来性や組織のさまざまな仕組みによって、94%のチームメンバーがGitLab社に対して「誇りに感じている」という非常に高いエンゲージメントを獲得できています。つまり、大半のチームメンバーがドキュメントやテキストコミュ

ニケーションを活用したチームに対して、多様性を乗り越えて自分の良さを発揮できる環境であると感じているのです。

このようにビジネス的に成功し、従業員エンゲージメントも高いGitLab社ですが、根幹を成すドキュメントとテキストコミュニケーションをすべてのメンバーが使いこなせているからこそ、多様な人たちがコラボレーションを実現し、成長を遂げることができています。

本書では、GitLabがどのようにしてすべてのチームメンバーに対してドキュメントとテキストコミュニケーションのスキルをトレーニングしているのかについて解説し、それをベースに読者の皆さんも普段の業務を通じてスキルを磨けるように説明します。

GitLabにおけるドキュメント運用の神髄「GitLab Handbook」

GitLabにおけるドキュメント運用の神髄ともいえるものが「**GitLab Handbook**」です。これはGitLabのValuesや判断基準、組織運営ルールといった会社の公式見解がまとまっているドキュメントです。GitLabでは、ハンドブックに書かれている内容を「**意思決定の基準**」にしながら物事を決定しており、それ以外の基準で物事が決まることはありません。

ハンドブックはGitLabのメンバーが10名程度だった頃から外部に対して公開されており、社外に公開されている情報と実際に内部で活用されている基準が乖離しないように徹底されています。そのページ数は今や3,000ページを越え、GitLabのあらゆることが集約されている巨大な情報源になっています。

GitLabのこのハンドブック運用は厳格に徹底されており、

「GitLab Handbook」にあらゆる情報が集約されているため、これ以外の場所に公式ルールが存在しないように細心の注意が払われています。「公言しているけれど、実態は……」という状況を作らないようにGitLabは尽力しているのです。

　ドキュメント活用を進める上で、情報がいろいろな場所に散乱していたり、古い情報が残ってしまったりしていると、検索するのに時間がかかったり、前提条件として活用していた情報の誤りによってはじめからやり直しになったりといった問題が発生します。こうしたことを避けるために、GitLabでは公式情報はハンドブックのみに集約するというルールを定めています。この手法は情報システム設計の用語で「**信頼できる唯一の情報源**（SSoT：Single Source of Truth）」と呼ばれています。

　また、GitLabには「**すべては下書きである**」という行動原則があります。「GitLab Handbook」に書かれている内容は公式見解ですが、完成形ではなく下書きでしかありません。つまり、より良い判断基準やより明瞭な表現が見つかれば常に改善を続けていくと宣言しているのです。すべてのチームメンバーが改善の提案を行うことができ、DRI（Directly Responsible Individuals）と呼ばれる責任者がメンテナーとして承認することで公式見解として取り入れられます。

　このようにGitLabでは、すべてのチームメンバーがドキュメントを通じて新しい発見を取り入れ、見解の相違を乗り越えています。改善できる機会があれば、プロポーザルを通じてドキュメントを更新し、徹底的に言語化されたドキュメントによって、公正で効率的な意思決定プロセスが運営されているのです。より詳しい説明を知りたい方は、公式の「GitLab Handbook」にアクセスするか、拙著『GitLabに学ぶ世界最先端のリモート組織のつ

くりかた』（翔泳社）を参照してください。

アジェンダとミーティングノート

　ハンドブックはSSoTとして会社の根幹を成すドキュメントですが、日々の業務と関連したドキュメントにはどのようなものがあるのか見ていきましょう。

　私たちが普段取り組んでいる業務では、チームメンバーや社外の人たちといった他の人たちと関わることが多く発生します。そうした業務では情報共有や進捗管理をしなくてはならないため、ミーティングを避けることは現実的ではありません。世界中のあらゆる組織でミーティングが行われていますが、議論の進め方や会議内容の記録方法といった運営方法はさまざまです。

　そんな中で、GitLabではドキュメントを効率的に活用して世界中のリモートメンバーがミーティングを通じてコラボレーションできるように工夫されています。その代表的なドキュメントが「**アジェンダ（議事日程）**」と「**ミーティングノート（議事録）**」です。

　GitLabではすべての会議にアジェンダとミーティングノートを用意しています。コーヒーチャットのような世間話をするためのミーティングを除いて、ブレインストーミングのようなアジェンダのないミーティングは行われません。

　段取り八分という言葉がありますが、まさにGitLabのアジェンダはその言葉にふさわしいルールで運用されています。アジェンダにはミーティングが始まる前に検討事項がすべて列挙されており、参加者がインプットしておく情報もミーティングの24時間

前までには動画やドキュメント、リンクなどで提供されます。

　一般的な企業では、ミーティングの冒頭でミーティングの目的や議題を口頭で説明して、不明点を質疑応答してから議論を始めますが、これでは説明する時間だけでミーティングの多くの時間が奪われてしまいます。GitLabの場合は冒頭の説明は長くても1～2分です。全員が状況を把握している状態でミーティングが始まり、そこからすぐに議論に入り、アジェンダがすべて消化されたら早めにミーティングを終了するのです。

　ミーティングに参加できないメンバーも、事前にアジェンダの中身を確認して質問や意見を記述しておきます。これによりミーティングに参加できなくても伝えたい内容を意見することができますし、後でミーティングノートを確認することで、どのような議論があり、どんな結論になったのかを知ることができます。特にGitLabのような複数のタイムゾーンにメンバーがまたがっているような組織ではこのような非同期でアジェンダを消化できることは重要です。

　ミーティング中には、あらゆる議論の要点がミーティングノートに記載されます。詳しくは後述するアジェンダとミーティングノートの作成方法の部分で説明しますが、GitLabのミーティングノートは参加者全員がミーティングをしながら記載するという「**ライブドキュメント**」という方法によって記述されるため、話された内容を漏れなく記録することができます。

　アジェンダについて意見や質問がある場合には、手を挙げて意見を述べるより先にミーティングノートに意見を記述するのもユニークですし、効果的なやり方です。あらかじめ発言者が意見や質問を記載しておくと、発言する心理的なハードルが下がり、何を伝えたいのかも明確になります。また、質問や意見を受ける側

も準備をしてから答えることができるので生産的な会話に発展しやすくなります。いきなり鋭い質問をぶつけて相手を困惑させることを競うようなミーティングは必要ないのです。

また、ミーティングノートはカレンダーの予定にリンクが張られているため、いつでも後から振り返られるメリットも忘れてはなりません。ミーティングに参加できなかったメンバーが漏れなく情報を得ることができるので、どこに住んでいるメンバーでも、働ける時間が限られているメンバーであっても議論に加わることができるようになります。また、なぜこのような意思決定が行われたのかを知りたくなる機会も意外に多くありますし、新しく入社したメンバーが状況を把握する上でも便利なドキュメントです。

このようにアジェンダとミーティングノートというドキュメントがあるおかげで、GitLabでは効率的なミーティングができており、世界中の多様なメンバーがコラボレーションを実現するためのツールとなっているのです。

イシュー

もうひとつ、GitLabの特徴的なドキュメントである「**イシュー**」について説明します。

イシューとは、業務で取り組んでいるプロジェクトやタスクを管理するものです。たとえば、「商談データから受注率の高い顧客の特徴を発見する」「採用サイトを更新する」「新機能に関するマニュアルを作成する」といった内容でイシューを作成します。イシューはタスクだけではなく、他の人と協力して進めるプロジェクトや特定のテーマに対する質問をするだけのものもあります。

イシューには、目的や概要、見積もりと実際に費やした時間、イシューが順調に進んでいるかどうかという状況、期日などが記載されており、誰がどんな業務に取り組んでいるのか一目でわかるようになっています。

　これらのイシューは、「**イシューボード**」というイシューを一覧で管理できるGitLabの機能を使って全体を可視化できます。これによって現在着手しているイシューや保留しているイシューなどが管理でき、誰がどれくらいのイシューに取り組んでいるのか把握することができます。

　このようにすることで業務を抱え過ぎないようにボリュームを管理したり、なかなか進捗が出ていないイシューを発見したり、優先順位の高いイシューを他のイシューと入れ替えるといった業務の最適化が可能です。似たようなサービスでは、JiraやTrelloといった管理ツールが有名であり、こうした業務管理の方法をチケット管理と呼ぶこともあります。

　イシューを活用することで、たとえば依頼した仕事の進捗も一目瞭然ですし、誰が担当しているのかもすぐにわかります。消化したイシューを見ることで一定の期間中にどのような仕事をしてきたのかも把握できるので、評価する際の参考資料として活用することもできるでしょう。

　GitLabの機能を活用した場合には、他の人にToDoを依頼したり、依頼されたイシューを他のもっと適切な部署に渡したりするなど、ビジネス上のコラボレーションがほとんどイシュー上で完結できるようになっています。 GitLab社の活用事例としては、顧客とイシューを用いて問い合わせ対応やタスクを管理するなど、社内にとどまらず、外部とのタスク管理や情報の記録として活用しているそうです。

このようにGitLabのイシューは、業務内容を可視化して効率的なコラボレーションを促進するドキュメントとして機能しています。イシューがあることで世界中のメンバーが迷うことなく業務に取り組み、パフォーマンスを出すことにつながっています。

第2章

ドキュメントを組織に
導入する必要性

かすれた鉛筆は鮮明な記憶に勝る

　GitLabがドキュメントに対して掲げている標語が「**かすれた鉛筆は鮮明な記憶に勝る**（The faintest Pencil is better than the sharpest memory)[1]」です。私たち人間という種族がこれだけ繁栄できたのは、「文字」の発明が大きな役割を果たしています。

　技術や知識がすべて口伝で行われていたとしたら誤って伝わってしまったり、何らかの事故で失われてしまったりすることもあるかもしれません。『論語』や『古事記』といった書籍も文字で残っているからこそ、歴史を経ても誰もがその情報にアクセスできるのです。

　また、あなたが研究者であれば論文はなじみが深いでしょうが、先人の先行研究を引用してスタート地点として定め、そこから新たな研究成果を積み重ねることで学問は新たな道を切り開いてきました。

　ビジネスでも同じように考えることができます。ドキュメントがあるからこそ、試行錯誤をショートカットして先人の体系化されたスキルを学べ、ドキュメントがあるからこそ、そこをスタート地点として次の仮説検証を進めていけるようになります。口頭だけで仕事を進めていては、言った言わないの水掛け論が発生してしまったり、すでに検証済みの仕事の存在を知らずに、繰り返してしまったりするかもしれません。

　頭の中で自分勝手に解釈してしまったり、物事を忘れてしまったりすることは、人が正常に機能するために必要なことではありますが、物事を客観的に認識したりコラボレーションを進めたりする上では口頭だけでは非効率といわざるを得ません。

人間が普段生きている中で無意識に引き起こしてしまうバイアスを乗り越え、あらゆる人たちと協力して物事を進めていくためには、**ドキュメントという客観的な場でお互いの情報をアウトプットして、確認し合うこと**が効果的なのです。

パフォーマンスの非効率は
認識の食い違いから生じる

　人がチームになったときに、パフォーマンスの非効率が生じることを**プロセス・ロス**と呼びます。人数が増えているのに思ったよりもチーム全体の進捗が伸び悩んだり、1人のときよりもパフォーマンスが出ていないように感じてしまったり、さまざまなトラブルが発生してスムーズに物事が進まなくなったりするようなことに心当たりがある人もいるのではないでしょうか。

　例として、工場の生産ラインを改善しようとしているシーンを想像してみましょう。Aさんは「スピード向上を優先した改善案」を主張し、Bさんは「安全性を優先した改善案」を主張しているとします。お互いに自分の案が正しいと言い張り、相手の案の問題点を指摘し、話が平行線のままなかなか進まずに時間だけが過ぎています、仮にどちらかの案に決まったとしても、今のままでは相手との関係性が気まずくなってしまうかもしれません。

　このような非効率な状況になっているのは、AさんもBさんも「何が最も良いか」という認識がずれているからです。このような状況になる前に、たとえば安全性を最優先にするというチームの方針が定まっていれば、認識のずれが発生することもなく、関係悪化という事態も生じないでしょう。

　別のシーンを思い浮かべてみましょう。ある会議で現場の実態

を把握していない部長が、思いつきでアイデアを披露しています。あなたにはその意見が明らかに間違っていることはわかっているのですが、その場を乱すのもはばかられるので黙っています。結果として部長の意見が通ってしまえば、明らかに間違っていることに作業工数が奪われてしまい、本来はもっと生産的な課題に向き合えたはずの時間が無駄になってしまいます。この場合、部長は部長なりに良いと思ったことを言っているつもりですし、あなたも立場上部長に反対するよりも会議を円滑に進めたほうが良いと判断した結果、非効率が生じてしまっています。部長としてはチームにパフォーマンスを発揮してほしいわけですから、「立場の違いにかかわらず意見を述べるべきである」という認識がそろっていれば、このようなことは起きなかったでしょう。

このように、あらゆるチームメンバーはたいていの場合、物事をより良くしようと考えています。しかし、認識がずれているために非効率なパフォーマンスにつながってしまうのです。

このような認識の枠組みを「**スキーマ**（schema）」といいます。同じ「イヌ」という単語を聞いても、実家で飼っていた優しい柴犬を思い浮かべる人もいれば、昔ほえられたことがある怖いドーベルマンを思い浮かべる人もいます。過去の経験や物事の捉え方によって、それぞれの認識の枠組み（スキーマ）は異なっているのです。特定のテーマに対するスキーマが異なっているのですから、何を達成するべきなのかという目的や優先順位が一致していないと、このような食い違いが起きてしまうのです。

もっと日常的で些細な事例でいえば、いつかやろうと後回しにしていた依頼事項が実は急ぎの案件だったとか、まったく同じ仕事を2人の人が別々にやっていたとか、自分が依頼された仕事の前提となる要件を勘違いしていたり、予算の制限があることがあ

らかじめ伝わっていなかったりしたために企画がやり直しになってしまうといったケースも、認識の違いから非効率が発生しているケースに該当するでしょう。

少し違った切り口としては、チームになることで発生する認識のずれも存在します。チームになることで、無意識のうちに自分一人のときよりもペースを落としてしまう「**社会的手抜き**（social loafing）」や「**調整の損失**（coordination loss）」と呼ばれる現象もプロセス・ロスの一種です。

社会的手抜きとは、個人がチームで作業をするときに、1人で作業するときと比べて手を抜きやすくなってしまう現象です。複数人で作業に当たることで当事者意識が薄れ、他の人がやるだろうと考えて、手を抜いてしまうといわれています。

調整の損失とは、文字通り他の人との調整を行う際に発生する損失のことです。チーム全員が同時に全力を出そうとしても、他の人のタイミングに合わせるのが困難であるため、全力が出せなかったりします。

図表 4 は人数が増えるに従って、1人当たりの声の大きさがどのように変化するかを調査した実験の結果[2]です。1人のときには10出ていた声が、6人グループになると1人当たりの声の大きさが3程度まで低下してしまっています。これも意識的にさぼろうと思っているわけではなく、周囲の声の大きさに合わせようとしたり、自分が負っている責任の大きさを少なく感じてしまったりするなどの認識が無意識のうちに形成されてしまい、結果的に声が小さくなってしまうのです。

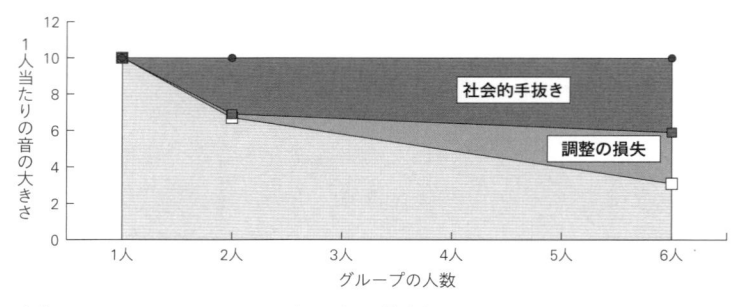

出典：Latané,Williams,Harkins（1979）を著者翻訳

■ 図表4　作業グループにおける協調性とモチベーションの低下

　チームになることで発生するプロセス・ロスも、まったくの悪意がないのに私たちの認識上の問題によって引き起こされています。

　最初に紹介した工場の生産ラインのケースでは、どちらも「生産ラインを改善する」というテーマに対して本気で向き合っているだけなのに、議論の途中で「自分の提案の正しさ」を正当化することに夢中になってしまっています。無意識のうちに「全体にとっての効率」と「自分にとっての正しさ」がすり替わってしまっているのです。

　社会的手抜きや調整の損失の場合も、1人であれば期日までに全部終わらせてしまおうと考えるようなタスクに対して、複数人で進める場合にはチームに確認しながら進めようとしたり、自分の担当領域はこの範囲でいいかと余力を残して進めてしまったりします。他の人のペースに合わせて進めようと考えることで、本当はもっとスピードが出せるのに無意識のうちにお互いがスピードを抑えてしまうことがあります。

　このようなプロセス・ロスによるパフォーマンスの低下は、当

事者たちがパフォーマンスを低下させようという悪意がまったくなく、むしろ前向きな意図を持っているのに、非効率になってしまっている状況です。私たちが取り組んでいるチーム作業には、こうした悪意のない非効率が至るところに存在しています。

　私たち人間は気が付かないうちに認識の歪みに誘導されてしまう生き物ですが、これを自覚できていないことでパフォーマンスの非効率が生み出されてしまっています。

　チームになったことで無意識にパフォーマンスを抑えてしまう問題も、誰が責任者なのかを明確に示し、具体的なパフォーマンス目標やスケジュールといった期待が明らかになっていれば避けられた問題かもしれません。

　こうした認識上の問題は、実はドキュメントによってほとんど解決できます。ここまで説明した通り、頭の中で考えながら話していたり、口頭ベースで議論したりしていると、人間は驚くほど簡単にバイアスの導く方向に誘導されてしまいます。そこでドキュメントという外部の土台に認識を切り出すことで、他人の考えだけでなく、自分の考えも俯瞰して見極められるようになります。

　こうして互いの認識をドキュメント上に明確にすることで、認識のずれをそろえるための議論ができるようになり、コストパフォーマンス良く客観的な視点で物事を処理できるようになるでしょう。

「認識」を形成する階層

　そもそも私たちは、どうして認識がすれ違ってしまうのでしょうか。認識の食い違いが生まれてしまう原因を理解できれば、ド

キュメントベースで議論する上でも乗り越えるべきポイントがわかります。そうすれば、ドキュメントに限らず、さまざまなコミュニケーションで認知の違いを乗り越えていくことが容易になるはずです。ここでは、私たち人間がどのように認識を作り上げているのか読み解いていきます。

　認識について理解をするために、次のような状況を想像してみてください。

　あなたは今、同僚の「賛否が分かれる行動」を目にしたとします。たとえば、「業務時間中にオフィスで明らかに私用の電話を大声で話している」ケースを考えてみましょう。そのとき、あなたの頭の中ではさまざまな階層の認識が同時に形成されています。あなたが働いている会社が、金融業界や公務員など厳格な態度が求められる業界であれば、「こうした行動はとがめるべきだ」と感じるかもしれませんし、IT業界のスタートアップ企業であれば気にもならないかもしれません。また、相手が社長であれば何も思わないかもしれませんし、最近入社したばかりの後輩であれば「注意しなければならない」と感じるかもしれません。もしくは、あなた自身が「仕事中に私用のために時間を割くべきではない」という強い信念を持っていれば、それに従って行動するかもしれません。

　このように、私たち人間は脳の中でさまざまな階層の認識を「無意識」に統合させ、何が正しいのかを判断しています。ジャルヴァース・R・ブッシュとロバート・J・マーシャクの『対話型組織開発』（英治出版）では、図表5のように人間の考え方や行動に影響を及ぼす5つの認識の階層を紹介しています。何か特定の言葉やシンボルなどに関連して想起されるテキストの集合体をディスコース（言説）といいますが、このディスコースがどのよう

認識のレベル	概　要
社会文化レベル	国家、業界などの幅広いレベルで認識され、支持されている認識
コミュニティレベル	組織、団体、地域などにある支配的な考え方、慣習、共有される社会的視点
対人間・グループレベル	グループや特定のメンバーとの直接的な相互作用を通じて構成される認識
個人レベル	個人がストーリーや印象管理、ジェスチャーなどを利用して伝達する方法
個人の内面レベル	個人の深淵や社会をどのように解釈しているかという認識

出典：ジャルヴァース・R・ブッシュ、ロバート・J・マーシャク『対話型組織開発』（英治出版）を参考に著者作成

■ 図表5　認識の階層

な階層で構成されるかという解説です。

　たとえば、「納豆」というテキストは、私たち日本人からすれば「栄養がある」「おいしい」「ヘルシー」などのディスコースがありますが、食べたことがない外国の人からすると「腐った豆」「くさい」「怖い」といったディスコースを形成しているかもしれません。納豆というテキストに関連して、経験した内容によって意味付けが変わってくるのです。

　同書によると、このディスコースによって作られる認識の階層は、「社会文化」、「コミュニティ」、「対人間・グループ」、「個人」、「個人の内面」という5つのレベルで構成され、これらが絡み合って私たちの認識を作り上げていると説明されています。

　ここでは認識の階層について理解することで、どのような部分で私たちの認識の相違が生まれるのか解像度を上げていきましょう。

●社会文化レベルの認識

最初の段階は「**社会文化**」レベルの認識です。

私たちは一般的に、生まれ育った国家に根付いている社会的な規範を基本的な基準として学びながら成長します。その過程において、それぞれの国で国民としての常識や法律などのルールに基づいて形成されるのがこのレベルの認識です。

たとえば、「あなたより目上の人が間違っていることを述べていたとき、それを指摘するべきか」という問いに目を向けてみましょう。たとえばフランスは、自分の意見をしっかりと表明できることが成熟した大人として認められる条件とされている社会だといわれています。そのため、フランスでは目上の人が相手だろうが間違っていることを指摘することが「社会規範として正しい」と認識されるかもしれません。その一方で、世界には階級が深く根付いている社会も存在しています。そのような社会では、目上の人のメンツをつぶすような行動を取ってしまっては、「社会規範として正しくない」と非難されてしまうかもしれません。

このような社会の規範によって、「目上の人の間違った行為を指摘するべきか」という問いに対する「正しさ」が変化することはイメージしやすいのではないでしょうか。私たちは、無意識のうちに社会の一員として「こうあるべきである」という社会規範の影響を受けているのです。

●コミュニティレベルの認識

社会文化レベルの認識について理解できたところで次のレベルを見ていきましょう。

2番目のレベルは、「**コミュニティ**」レベルの認識です。

コミュニティには、会社や地域の集まり、宗教、同好会、エン

ジニアコミュニティなどさまざまな規模や種類が存在し、1人の人物が複数のコミュニティにまたがって属していることもあるでしょう。

属しているコミュニティの一員として認められ、コミュニティ内での立場を確立していくためには、そのコミュニティが重要視している判断基準を尊重している態度を示し、周囲から認められなくてはなりません。

その判断基準や価値観を学び、体現し、コミュニティに認められていくうちに、コミュニティの価値観がその個人の価値観として内在化し、自分自身にとっても価値のある「正しさ」の基準として認識が培われていきます。そうして作られたコミュニティの認識が2つ目のレベルです。

たとえば、「人をだましてでも売り上げを上げるブラック企業」と「利益を度外視しても他人を大事にするという理念を掲げる団体」では正しさの基準は変わります。それぞれのコミュニティに自らのアイデンティティを感じている人たちの間では、当然ながら大事なものの基準は異なっているでしょう。

同じ会社の中でも、「売り上げさえ上がれば不具合があっても良い」という営業の部署と「品質基準を満たさなくては提供できない」という品質保証の部署での議論を考えてみましょう。部署というコミュニティの中にある正しさが異なっているため、同じ会社の中でも部署間の対立に発展してしまうことがあります。お互いに「あいつらはわかっていない」と敵のように扱って関係性が悪化してしまうこともよくあることです。

また、同じ会社でなくても家庭内でもこのような正しさの衝突は発生します。前者の営業組織のような価値観の部署に勤めている夫と後者の品質保証のような価値観の部署に勤めている妻では、

所属するコミュニティの価値観の影響を受けて、家庭内での議論で分かり合えないと感じてしまうかもしれません。

会話する相手が所属しているコミュニティに浸透している正しさを知ることによって、相手がどういう価値観を大切にしているのかを知ることができます。相手が大切にしているコミュニティレベルの認識に理解を示すことは、お互いが歩み寄ってわかり合うために役立つでしょう。

同じコミュニティの中で正しさの基準がずれてしまっているときには、現在のコミュニティにおいて何が正しいのかという認識をそろえることが重要になるはずです。

●対人間・グループレベルの認識

その次は、「**対人間・グループ**」レベルの認識です。

上司・部下の関係や地元の友人グループなど、特定の個人やグループの関係性の中で構成される認識を指します。上司に対して無遠慮に問題を指摘するような率直過ぎるコミュニケーションを取ることは、上司との関係性の悪化を引き起こす恐れがあります。それに対して、昔ながらの地元の友人グループに他人行儀なコミュニケーションを取ってしまっては、「あいつは変わってしまった」と距離を置かれる原因になってしまうかもしれません。こうした特定の関係性の中で作られたコンテクストも認識の相違を生じさせる要因になります。

このように、特定の関係性の中で「どのように振る舞うべきなのか」というコンテクストによって構築されるのが、このレベルの認識です。新たに人間関係を構築する際にも、これまでに経験してきた似たような関係性の正しさを当てはめてしまうことがあります。人間関係の中で認識の齟齬が生まれてしまう場合には、

どのような関わり方がお互いにとって良いのかという対話を通じて認識をそろえることが望ましいでしょう。

●個人レベルの認識

4つ目は、「個人」レベルの認識です。これは、自分の要望やアイデアを伝達するために、どのような影響の及ぼし方、印象管理、ジェスチャーなどを用いるべきであると自分自身が考えているのかという認識です。

少しわかりづらいかもしれないので詳しく説明していきましょう。たとえば、今までの経験を通じて「人と仲良くなるためには大げさなくらいに褒めたほうがうまくいった」という認識を持っている人は、新たに誰かと仲良くなりたいと思った場合には、同じように大げさに褒める振る舞いが正しいと考えるでしょう。

こうした認識を把握するためには、「自分が攻撃されたときにはどのように振る舞うだろうか？」、同様に、「自分が優しくされたときにはどのように振る舞うだろうか？」などの問いに答えることで自分自身の認識がわかることもあります。

個人レベルの認識とは、その人が人生を通じて身につけてきた処世術や振る舞い方が垣間見えるレベルです。

●個人の内面レベルの認識

最後は、「個人の内面」レベルの認識です。これは、内面化されたストーリーや取り込まれた信念という形を取ります。自分自身をどのような存在として捉えているのか、社会がどうあるべきだと考えているのかといった解釈に影響を及ぼします。

「個人の内面」レベルの認識は、無意識のうちに「自分は挑戦を続ける存在だ」とか、「あまり価値がないから目立ちたくない」

といった、自らの内面から生じるプロセスによって形成されています。

　社会に対して「社会は本質的に善であるべきだ」と感じる人もいれば、「社会を構成する人たちは己の利益を追求する」と感じている人もいるかもしれません。挑戦し続けていなくては生きている意味が感じられないと、常にチャレンジすることに飢えている人がいる一方で、何か挑戦すること自体に根本的な恐怖を感じている人もいます。

　こうした内面に確立された正しさは、なかなかうかがい知ることができず、私たち一人ひとりが根本的に異なっている部分でもあります。

　ここまで5つの認識のレベルについて説明してきましたが、これらははっきりと5つに分かれているわけではなく、グラデーションになっており、相互に影響を及ぼし合っています。この5つのレベルを参考にして相手の認識を整理していけば、**メッセージを伝える上で効果的な表現を創造するために有効に機能するはず**です。国籍や出身組織などのバックグラウンドや相手の価値観などに配慮した情報を用意することで、認識のギャップを減らすことができるでしょう。

　そして、こうした5つの認識の階層を把握することによって、**相手がどんな正しさを持っているのかを理解する手掛かり**にもなってくれます。相手の正しさが理解できれば、異なる存在であると認識でき、互いを尊重できるようになります。

　たとえば、国際結婚をした夫婦が育ってきた社会規範が異なると、生まれてくる子どもがどのようにあるべきかという観点では当然衝突するでしょう。その場合、お互いがどのような社会規範

のもとで生まれ育ったのかを理解し合い、夫婦と子どもの関係性の中でどのような規範を身につけていくことが望ましいのかを話し合うべきです。そうして、「家族というチームにおいて望ましい規範は何か」という新しい正しさの認識を作り上げていくことで、前向きな協力関係を構築できるようになるはずです。このような互いの認識の違いを尊重した上で協力関係を結ぶことで、多様性のコラボレーションが実現できるでしょう。

「感じ方」を形作る遺伝子

　認識の違いが階層によって作られることはわかりましたが、「個人の内面」レベルの認識はどのように形作られるのでしょうか。

　普段はあまり意識できていないかもしれませんが、私たち人間は一人ひとりの物事の「感じ方」が違っていることがわかってきています。あなたにとって何も感じない普通のことが、他人からすると耐え難い苦痛を感じていたり、逆に大きな喜びであったりする場合もあるのです。こうした感じ方の違いは、病気のかかりやすさや薬の効きやすさなどと同じように、その人が持っている遺伝子の影響を受けて個人ごとに特徴づけられています。こうした個人の遺伝的な違いを「**スニップ**（一塩基多型）」と呼びます。

　オックスフォード大学のエレーヌ・フォックス教授の『脳科学は人格を変えられるか？』（文藝春秋）では、「セロトニントランスポーター遺伝子」が恐怖やストレス、リスク回避などに影響する可能性を説明しています[3]。

　セロトニントランスポーター遺伝子とは、脳のシナプス間隙（シナプスのすき間）に存在している余剰のセロトニンを再利用する

タンパク質である「セロトニントランスポーター」の発現量を決める遺伝子です。

　セロトニンはストレスによる不安など感情の興奮を抑えて安定をもたらす神経伝達物質ですが、セロトニントランスポーター遺伝子が長いタイプ（LL型）の遺伝型を持つ人は、セロトニントランスポーターの発現量が多くセロトニンを大量に再利用できます。それによって、シナプス間隙のセロトニン量を保つことができるため、ストレスに強く不安を感じづらくなります。それに対して、セロトニントランスポーター遺伝子が短いタイプ（SS型）の遺伝型を持つ人は、再利用できるセロトニンがLL型に比べて少なくなるため、不安を感じやすくなる可能性が示唆されています。

　このように、私たちは遺伝子の影響を受けて、物事の感じ方が異なっていると考えられています。

　ただし、セロトニントランスポーター遺伝子だけで不安の感じやすさが決まるという単純なものでもありません。それ以外にもストレスに関する遺伝子だけでもNYP遺伝子など十数種類が見つかっており、複合的に私たちの感じ方を形成していると考えられています。また、遺伝子だけで性格が決まるわけでもありません。あくまで感じ方が決まるだけで、性格は遺伝子と環境の両方の影響を受けて形成されます。

　プラセボや思い込みによって身体に実際に影響を与えることもわかっていますし、「エピジェネティクス」という後天的に遺伝子の働きを制御する仕組みも関わっている可能性があります。今後遺伝子の研究が進むことでより明らかになってくることもあるでしょう。このように、遺伝子だけによってすべてが決まっているわけではないので、あくまで遺伝子によって個人差があるのだ

と認識していただければ大丈夫です。

　ちなみに、2008年に公開された人種別のセロトニントランスポーター遺伝子の調査では、図表6のように日本人はセロトニントランスポーター遺伝子が短いタイプ（SS型）が多く、不安を感じやすい人種であると考えられています[4]。他の国と比較しても日本人はLL型の割合が顕著に少ないこともあり、危険に喜んで飛び込んでいくような外国の人たちとの考え方の違いはこういうところからも現れているのかもしれません。

　しかし、セロトニントランスポーター遺伝子が短いタイプだからといって「悪い」わけでもありません。不安を感じやすいことは、リスクに対して敏感に対応できるということです。これによって、命に関わるような自然災害や事故、トラブルを避けたり、状況に対応して生き延びる可能性を高めたりすることができるかもしれません。日本人にSS型が多いのは、日本には震災や津波など災害が多かったことも影響しているのではないかともいわれています。

　また、遺伝型は親と同じになるとは限らず、兄弟で異なるタイプになることもあります。人間やさまざまな生物は、遺伝子を利用して多様なばらつきを作ることによって、環境が変化したとしても適応できるようにしているのだと考えられています。

　それでは、このような遺伝子の多様性が私たちの日々の仕事にどのように影響を及ぼすのか考えてみましょう。

　よく、優れたプレイヤーが優れたマネージャーになれるわけではないという話を耳にしますが、このような遺伝子のコンテクストで考えてみると新しい視点で見ることができます。

　ここでは、トップセールスが営業マネージャーに昇進したシーンを思い浮かべてみましょう。もしかしたら、そのトップセール

人　種	遺伝型		
	LL型	SL型	SS型
日本人	**3.19%**	**31.74%**	**65.07%**
中国人	14.29%	31.25%	54.46%
インド人	9.79%	43.36%	46.85%
イギリス系白人	22.86%	48.57%	28.57%
イスラエル人	32.65%	48.98%	18.37%
ドイツ人	35.88%	47.18%	16.94%
クロアチア人	35.23%	49.33%	15.44%
ヨーロッパ人	32.08%	52.83%	15.09%
アフリカ系アメリカ人	54.12%	35.29%	10.59%

出典：Esau, Luke et al. 2008 より作図

■ **図表6　セロトニントランスポーター遺伝子の遺伝型の割合**

スは生まれながらに不安を感じづらい性質を持っていたのかもしれません。プレイヤー時代はどんなお客さんに対しても物おじせずに飛び込んでいき、どんなに断られてもへこたれずに何度も繰り返しチャレンジすることで成果を残してきたとします。

　そのトップセールスにとっては、「不安に飛び込むこと」が成功の方程式だという認識であるとしたらどうでしょう。マネージャーになったとき、そのやり方をメンバーに対しても当たり前のように求めるようになるのではないでしょうか。

　メンバーも遺伝的に不安に強い性質を持っていれば、このようなマネジメントは効果を発揮するかもしれません。しかし、不安の感じやすさや好奇心などは遺伝的に異なっているわけです。不安を感じやすいメンバーは、不安からくるストレスが積み重なって疲弊し、うつ病などを発症してしまうかもしれません。

　このように自分が不安に強いからといって他人にも同じように

行動することを求めるのは、体質的にお酒に強い人がお酒を飲めない人に無理やり飲ませようとしているようなものです。

　マネージャーになるならば、自分と他人の性質は遺伝的に異なっており、「メンバーの性質に合わせてパフォーマンスを引き出すために模索する」というプレイヤーとは異なったスキルが必要になるのです。こうした事情が優れたメンバーが優れたマネージャーになれるわけではないという、ひとつの要因だと捉えています。

　また、セロトニントランスポーター遺伝子の調査のところで説明した通り、日本人は不安を感じやすい人が多い人種といわれています。したがって、組織全体のパフォーマンスを向上させようとするのであれば、不安を感じる人がどうやったらパフォーマンスを上げられるかを模索するマネジメントのほうが重要なのかもしれません。

　もうひとつエピソードを紹介しましょう。ベストセラーにもなったグレッグ・マキューンの『エッセンシャル思考』（かんき出版）では、内向型といわれているビル・ゲイツが、年に2回は外部からの情報をシャットダウンして、1週間の「考える時間」を設けると紹介されています。物静かで人付き合いを好まない人が、内省することで深い考えに至ることができるメリットも存在しています。あなたが外向的か内向的か、もしくはうまくバランスが取れているかもしれませんが、あなたにとっての当たり前が他人にとってはそうではないと想像することで認識の違いを乗り越え、互いに強みを発揮できる可能性が高くなるでしょう。

　ここで紹介した不安の感じやすさや外向性・内向性だけでなく、リスクの回避、倫理観、落ち込みやすさ、努力の継続性、規則正しさ、幸福感なども遺伝の影響を受ける可能性があるといわれて

います。今後の研究が進めば、もっとたくさんのことが明らかになるはずです。

　このように説明すると遺伝子だけですべてが決まるように感じてしまいますが、先ほど説明した通りそれは正しくありません。遺伝子はセロトニントランスポーターの発現量のようにハードウェア的な「性質」を決めるものであるため、「性格」を決定づけるものではないことに注意しましょう。

　「性格」は遺伝子と環境の両方の影響を受けて形成されることが、双子や養子縁組などのデータを研究した結果からわかっています[5]。たとえ、不安を感じやすい遺伝的な性質を持っていたとしても、不安を感じる自分をうまくコントロールする方法を学び、チャレンジを成功させた経験を積むことによって、チャレンジすることが面白いと感じる性格を形作ることもできるでしょう。

　すでに述べた通り、私たちは自分が感じている感覚と同じ感覚を他人も抱いているのだと錯覚してしまいます。自分がこう感じているのだから、他人もこう感じるのが当たり前だと無意識に信じているわけです。しかし、こうした感じ方の違いがあることが想像できれば、このドキュメントの情報だけでは不安に感じる人がいるだろうと配慮できたり、情報の少ないドキュメントを書いた人に対して、無神経で配慮が足りないなどと怒りを覚えたりすることなく対応することもできるようになるでしょう。他人に対して物事を説明するときに「十分なコンテクストを提供しなさい」とGitLabがいっているのも、**あなたが持っている感覚や感情も含めてドキュメントにアウトプットすることで、認識の違いを乗り越えるヒントになるからな**のです。

　「自分のしてほしいことを相手にもせよ」というのは西欧で「黄金律」と呼ばれています。日本でも親が子どもに対して想像力を

働かせるよう促すために、このような説明をしている場面も見かけます。これは一見正しいように感じますが、GitLabではその黄金律を「破る」ように促しています。思い出してください。自分と相手は感じ方が異なっているのです。だから、自分がしてほしいことではなく、「相手がしてほしいことを相手にせよ」というのがGitLabの考え方なのです。

アンコンシャス・バイアス

ここまでの説明で私たちは遺伝によって感じ方が異なり、階層ごとの認識によって何が正しいと考えているかが異なることがわかりました。しかし、この2つだけでも厄介なところに、さらに私たちの認識の違いを生み出すものが存在しています。それは、「**バイアス（偏り）**」と呼ばれるものです。

バイアスとは、脳が直感的に素早く判断するために無意識のうちに人間の意思決定に影響を及ぼす機能です。生まれながらにして人間に備わっている機能であるため、抑えようと思って抑えられるものではありません。

たとえば、非常ベルがなったときに「自分は大丈夫」と感じるバイアスを「**正常性バイアス**」といいますが、日頃から些細な異変に常に危機を感じていては生活ができないため、日常を振り回されずに過ごすためには有効な役割を果たしています。

しかし、大震災のときには、この正常性バイアスによって津波が来るまで30分以上も時間があったのに「家にいても大丈夫だろう」と考え、逃げ遅れる人が出てしまいました。仕事の場面でも「雑なメッセージでも伝わるだろう」とか、「誰かがやってくれる

だろう」と考えた結果、トラブルにつながってしまうケースには心当たりがある方もいるのではないでしょうか。こうしたバイアスを避けるためには、自分を客観的に認識することによって、自分自身がバイアスの影響を受けているかもしれないと気が付くしかないのです。

ここでは特にドキュメントに関連するバイアスの例をいくつか紹介します。

まずは、「**知識の呪い**（The curse of knowledge）」です。知識の呪いとは、自分が知っていることを相手も知っていると無意識に感じてしまうバイアスです。

たとえば、あなたは経営者だとします。戦略を描くために市場調査を行い、競合との差別化要因を分析しました。調査の結果、自社の勝ち筋はユーザーの利便性を高めることで業界を代表するようなエンタープライズ顧客をファン化し、市場のシェアを最短で取りきることだと確信します。そして、従業員に対して「我々の戦略はお客様の喜びを実現することだ！」と高らかに宣言したとしましょう。経験豊富な経営者であるあなたの頭の中には、ビジネスのロジックやさまざまなデータが詰まっているので、その戦略には妥当性があります。しかし、結論だけを聞いた従業員には十分な情報やコンテクストが見えないため、よくわからない不明瞭な戦略だと感じてしまったり、ビジネスを度外視して顧客に尽くそうとしたりするなど異なった解釈をしてしまうことになるのです。

こうしたバイアスに気が付かないと、経営者はチームメンバーとの間に情報の格差があることに気付かずに「うちの従業員はやる気がない」とか「当事者意識を持っていない」と感じてしまいます。しかし、前提となるコンテクストが集約されたドキュメン

トに誰もがアクセスできるようにすることで、このような情報格差を埋めることができ、認識の相違が避けられる可能性が高くなるでしょう。

　もうひとつ紹介するバイアスは、「**根本的な帰属の誤り**（Fundamental attribution error）」です。このバイアスは、誰かの行動を説明するにあたって、対象者の性格や行動に原因があると考え、状況を軽視してしまうバイアスです。他人の失敗に対しては、その人が「怠惰だったから」「準備を怠った」などと感じてしまいますが、自分の失敗に対しては「状況的に仕方がなかった」と感じてしまう矛盾は、根本的な帰属の誤りの中でも「**行為者─観察者バイアス**（Actor-Observer bias）」と呼ばれています。これに加えて、「**確証バイアス**（Confirmation bias）」という、自分が正しいと感じたことを補強する情報を高く評価し、否定する情報を無視または低く評価するというバイアスも関わってきます。その上、なんとも都合が悪いことに、人間は他人の悪い点を指摘し、論破するなど社会にとって利他的な行動を取ると「快楽などの報酬を感じる」という見解をド・ケルバンらは述べています[6]。これは、最近では「正義中毒」という言葉で目にすることもあります。

　こうしたバイアスが組み合わさってでき上がるのが、「マネージャーによる部下の詰め」のようなシーンです（図表7）。部下に問題が発生したとき、マネージャーは部下の努力不足や性格に問題があると解釈してしまいます。部下を問い詰める中で、客観的な状況ではなく、「準備しようと思えばできたはずなのにやらなかった」など、部下の怠慢を裏付ける根拠だけに注目します。そして、「自分が悪かった」という指摘を部下が認めるまで追及し、部下がそれを認めたならば、これで解決したと満足するような状況は容易に想像できるでしょう。

① 部下を改善したい

② 部下に原因があったと考える（根本的な帰属の誤り）

③ 部下の問題を裏付ける情報を集める（確証バイアス）

④ 部下に非があったと認めさせる（正しさの押し付け）

⑤ 問題を解決したと満足する

⑥ 根本的な問題は解決していない

■図表7　バイアスによって発生するマネジメントの詰め

　これは、マネージャーとしては「部下を改善したい」というモチベーションから始まっており、「詰め」が終わった後には「部下を改善した」という満足感を自分自身は覚えていますが、実際には「部下の状況は改善できておらず、ただマネージャーだけが気持ち良くなっただけに過ぎない」という可能性があります。しかもバイアスの影響を受けているため、マネージャー本人はいっさいそのことに気が付いていません。

　部下からすれば状況は改善されていない上に、マネージャーは自分のことをわかってくれないと感じてしまいます。一方、マネージャーは指摘をしたにもかかわらず一向に部下が改善しないと感じてしまい、お互いの認識の差はさらに開いていくばかりです。

　ここで効果を発揮するのがドキュメントです。**客観的な状況や具体的に取った行動などをドキュメントで可視化することによって、目先の印象に左右されず全体的な状況を把握できるようになります。**これによって、部下に問題があった場合は部下も受け入

バイアス	意　味
正常性バイアス	異常が起きても正常の範囲内だと思い込んでしまうバイアス
知識の呪い	自分が知っていることを、知らない人の立場に立って考えることが難しいバイアス
根本的な帰属の誤り	個人の行動を説明するときに、当人の性格や個性を過剰に重視し、当人が置かれていた状況を軽視してしまうバイアス
確証バイアス	仮説や信じていることを調べる際に、それを裏付ける情報ばかり集め、否定する情報に対しては無視または軽視するバイアス
親和性バイアス	自分に似ている要素がある人に好感を持つバイアス
感情ヒューリスティックバイアス	好きなもののメリットを高く、デメリットを低く感じる、嫌いなものは逆に感じてしまうバイアス
同調性バイアス	集団に属したいと考えて、周りの意見に合わせてしまうバイアス
コントラスト効果	比較したときに実際よりも差があるように感じるバイアス
ハロー効果	肩書や見た目によって、印象に引っ張られた評価をするバイアス

■**図表8　バイアスの例**

れやすいですし、状況に問題があった場合にはマネージャーが手を差し伸べやすくなります。

　マネージャーの本来の役割は部下に「過失があったこと」を認識させて屈服させることではなく、部下のパフォーマンスを発揮させることで成功に導き、それによってマネージャーも評価されるというWin-Winの関係なのです。このようにコンテクストをドキュメントに書き出してバイアスの影響を認識し、部下が成果を出すためにはどうすれば良いのかという根本的なテーマに向き合うことによって、マネージャーと部下はお互いに成功できるよ

うになるのです。

　図表8に挙げたように、ここまで紹介したもの以外にもさまざまなバイアスが存在します。すべてのバイアスを覚える必要はありませんが、私たち人間はこのようなバイアスの影響下にあり、意図せずに認識の齟齬を生み出してしまう生き物であることは意識しておきましょう。

認識の食い違いを乗り越える方法

　ここまで認識の食い違いが生まれるのは、大きく3つの理由が考えられると説明してきました。

　1つ目は、**私たちは認識の階層を持っており、それぞれの階層レベルで正しいと感じる規範が形成されていること**です。どのような価値観の人生を過ごし、人とどのような関わり方をしてきたかによって、何が正しいと認識するかは異なってしまうのです。たとえ、同じ日本で生まれ育った同じ日本人であっても、当たり前の常識がずれてしまうのは、認識の階層のどこかの部分で違う正しさを持っているからです。

　2つ目は、**遺伝子による感じ方の違いが存在しており、同じ刺激に対しても感じ方が違うという前提に気が付きにくい**ということです。あなたが耐えられると感じる刺激が、他の人も耐えられるかどうかはわかりません。また、ビジュアル・シンカーの紹介で説明したように、あなたは言語思考が得意で理路整然とした文章が頭に浮かんでいるかもしれませんが、相手の人は画像思考でイメージが浮かんでいるかもしれません。このような違いは日常で他人と関わる中では意識しづらいですが、私たちは遺伝的にば

らつきがあり、たとえ親兄弟であっても感じ方が異なっている多様性のある存在です。そのため、自分が感じている正しさを絶対的なものとして主張することにはほとんど意味がありません。自分の見解を知ってもらい、相手の見解を理解しようとする努力をしなければ、認識の食い違いを埋めていくことは難しいのです。

そして最後が**バイアス**です。たとえ近い価値観を共有できていたとしても、無意識の思い込みによっていとも簡単に認識の食い違いが起きてしまいます。お互いにバイアスの影響下にあることを認識し、自分がバイアスの影響を受けないように意識するだけでなく、相手がバイアスの影響を受けているようであれば、それを気付かせてあげるようにすることも必要になるでしょう。

このように整理すると、人間同士がわかり合うことは非常に難易度が高い問題であるかのように感じます。しかし、実はこれらの認識の食い違いを乗り越えるための良い方法があります。それこそが「**ドキュメント**」です。**ドキュメントに書き出すことによって、自分の考えを客観的に切り出して認識することもでき、バイアスの影響を受けていることが確認できるようになります。**また、同じドキュメントを複数人で書き上げていくことによって、自分にとっては書かなくても当たり前のことでも、他の人にとってはそうではないコンテクストが書き加えられていくことになります。こうした作業を繰り返すことによって、誰にとっても新たなコンテクストを得やすいインクルーシブなドキュメントを育てていけるようになっていくのです。

GitLabはこのような考え方のもとでさまざまなルールや望ましい振る舞いを定めています。たとえば、GitLabでは意味がつかみきれない文章を見つけたときに、Slackなどで気軽に誰かに質問して情報を得ても良いというルールがあります。そして、教

えてもらったコンテクストをドキュメントに追加することが「**質問に答えてもらったことへの最大の感謝の示し方**」であるとされています。このようにすることで、多角的な視点でドキュメントに情報が補足されていき、解釈の分かれづらい認識を作り上げることができるのです。

また、アンコンシャス・バイアスの項目で出てきたような、自分の正しさを押し付けるようなマネージャーは、GitLabやグローバルの企業では「**マネジメントスキルが欠如しているマネージャー**」とみなされてしまいます。問題やパフォーマンスが発揮できていない原因があるならば、マネージャーと部下が協力して、パフォーマンスを発揮するためにはどうすれば良いかを模索していくのがマネージャーの仕事です。

このような対話の中で明らかになった情報や新たに決めたことは、やはりドキュメントに記載することによって後から見直したり、勘違いを避けたりするために活用できるのです。GitLabが

---

1. 私たちがバイアスを持っていることを認識する
2. 自分のバイアスを見極める
3. バイアスを見かけたら、止めてあげる
4. アウェアネス（自分を意識的に見つめること）を維持する
5. チームと違う意見を持つことが問題ないと認識する
6. 第一印象を疑う
7. 固定観念について学ぶ
8. グローバルで仕事をする場合、相手の文化に対する理解不足が原因の可能性であることを視野に入れる
9. ビジネス上の重要な意思決定をする場合、視野を広げられる他人を巻き込み、意思決定に対して隠れたバイアスがないかチェックする

■ **図表9　GitLabがバイアスを避けるために紹介しているヒント**

バイアスを認識し、回避するためのヒントを紹介してくれています（図表9）。こちらも参考にしてみてはいかがでしょうか。

共有された現実

　GitLabは、ドキュメントを活用することで生み出そうとしているものがあります。それが「**共有された現実**（Shared Reality）」です。「共有された現実」とは、異なる人間の間でそれぞれが感じている現実（リアリティ）を説明し、理解し合うことによって共通認識を作り上げることです。

　わかりづらいと思うので補足します。認識がずれると説明したように、私たち一人ひとりには独立した「リアリティ」が存在しています。

　たとえば、息子が宿題を忘れたことを父親が叱るケースを想像してみましょう。

　父親は宿題を忘れたことについて息子に厳しく注意しました。このとき、息子からすると父親が「宿題を忘れる」という行為について非常に憤慨しているように見えたとします。

　しかし、父親は「宿題を忘れた」こと自体は改善すればいいと思っており、息子が押し黙って何も説明しないことに反省していないと感じて非常に憤っていたとします。

　それに対して、息子は怒られたことからおびえて声が出ず、何も話せなかっただけだったとしたらどうでしょうか。

　この場合、図表10のように意図がすれ違ってしまっているので、相手にしてほしいことが効果的に伝わっていません。父親が「反省しているのか知りたい」という意図を外部に出し、息子も父親

の叱責を恐れるあまり「声が出せない状況にある」ことが伝われば、お互いの誤解が解け、建設的な話ができるようになるでしょう。このようにお互いのリアリティが異なることを共有し、作り上げる共通認識が「共有された現実」です。

父親のリアリティ

宿題は気を付ければいいが、
説明がなく反省が見えない

息子のリアリティ

父は宿題を忘れていることに
憤慨している
怖くて声が出ない

■ **図表10　異なる現実**

　GitLabは、チームを効果的に機能させるためには、この「共有された現実」をチームに作り上げることが必要であると説明しています[7]。

　私たちは、生まれながらにして社会に対する自分の理解を共有したいという強い欲求を持っています[8]。また、他人と社会に対する見解が共有できていないと、孤独感や強いストレスを感じることもあります。私たちは、普段生活している中で無意識のうちに共有された現実を作り上げる活動をしているのです。

　GitLabは、この共有された現実を「**意識的に作る**」ことが、チームでコラボレーションする上で重要だと説明しています。そして、その共有された現実を効果的に活用するための手段が「ドキュメント」なのです（図表11）。

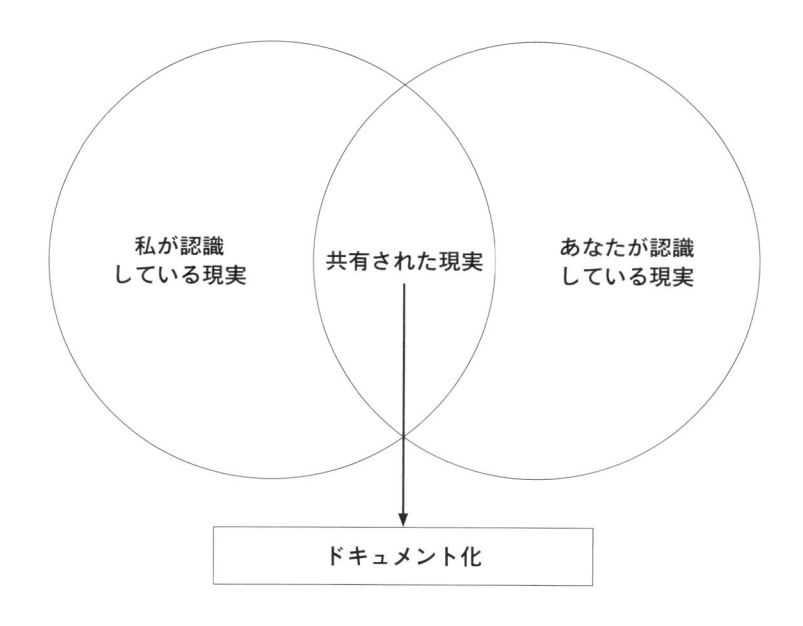

私が認識
している現実

共有された現実

あなたが認識
している現実

ドキュメント化

■ 図表11　共有された現実

　私たちは同じ環境で暮らしていると、まるで社会に共通する絶対的な正しさや倫理観を互いに共有しているように感じてしまいます。しかし、認識のずれについて解説した内容からもわかるように、実際には一人ひとりの正しさの基準は違いますし、共有できているような気がしても微妙なニュアンスが異なっています。

　ある人にとっては社会発展よりも不正を許さないことが重要ですが、他の人にとっては多少の不正を容認しても社会発展のほうが望ましいのかもしれません。何が正しいと認識しているのかを共有しないまま議論を進めてしまうと、話が噛み合わずに建設的な議論ができないかもしれないのです。

　こうした問題を解決するために、GitLabでは「ドキュメント」

を活用しています。**情報をすべてSSoTに書き出すことによって、自分の内面の理解だけでは曖昧だった認識を言語化し客観視できるようになります**。他人がそれを見ることで認識のずれが明らかになり、チームにとってどうあるべきなのかという共通目的を探る議論が行われることによって、客観的な公式見解を作り上げていけるようになります。

また、見解をお互いにシェアし、相手の意見に耳を傾けることで「共有された現実」には複数の視点から情報が補足されていきます。これらをドキュメントに落とし込むことによって、1人の頭の中だけにあった現実よりも、より具体的で豊富なコンテクストを持った「共有された現実」を作り上げることができます。

加えて、意見が合致していないという、見解の違いが明らかになることも「共有された現実」です。意見の相違が明らかになった場合には、何か計測の基準を設けてどちらが実態に近いのかを検証することもできますし、チームとしてどちらかを優先したスタンスを取るという意思決定を下すこともできます。

ドキュメントやコミュニケーションを通じて何を目的にしているのかというゴールを明確にすることで、全体の活動の方向性もそろっていきます。さらにGitLabの場合は、優先順位の付け方や判断の基準を「**GitLab Values**」という形で具体的に表現しているため、共有された現実に合致していない方向性に進みそうな場合には、周囲の客観的な判断によって修正できます。また、外部に基準が共有されているため、個人間の感情的な対立になることも避けられます。

このようにドキュメントは、共有された現実としてチーム全体の共通認識として機能し、解釈が分かれる余地があればさらに情報が具体化されることによって改善し続けていくことができます。

ドキュメントを活用する際には、「共有された現実」を作り上げていくことが目的であることをチームの共通認識として持つことが望ましいでしょう。

ドキュメントはアウフヘーベンを促す

日本でも2017年の流行語大賞にノミネートされるなど話題となった「アウフヘーベン」ですが、ドキュメントは**アウフヘーベンを促す**上でも効果的な手法です。

アウフヘーベンとは、日本語では「止揚」と訳すことが一般的ですが、その意味は「ある意見」とそれに対する「反論」があった場合に、どちらの意見にも価値があると認めて、統合的により高い段階に引き上げることです。

たとえば、「間違いがあったときに非を認めない人がいる」というテーマがあったとき、「非を認めると弱さを意味したり、自分が攻撃されたりする恐れがある」という反論が出たとします。このテーマについて対話を重ねることで、会社の公式見解として「謝ることができる人が強い人である」と表明することで、どちらの意見にも価値を見いだしながら、より高い次元に引き上げるというアプローチがアウフヘーベンです。

GitLabは、実際に「謝ることができる人が強い人である」という言葉をGitLab Valuesの行動指針として宣言し、評価やフィードバックにも活用するようにしています。この新しい見解についても新たな反論が生まれ、対話を通じてハンドブックやドキュメントを更新していくことによって、より良い見解へと改善し続けていけるのです。

アウフヘーベンは、もともとドイツの哲学者であるヘーゲルが弁証法という法則の中で提唱した概念ですが、その考え方は現代でも参考になります。たとえば、アンコンシャス・バイアスの項目で人間が利他的な行動によって報酬を得ている可能性があると説明しました。人間は、自分が正義の立場から相手を攻撃すると快楽を感じる生き物だという話です。一時期、ネットでも「はい、論破！」という言葉が流行りましたが、「自分は正しく相手が間違っている」と攻撃することで、論破をした人はドーパミンを作り出して快楽を得ています。しかし、こうした振る舞いは相手を改善しようとする建設的な行動ではなく、ただ単純に自分が気持ち良くなるための行動でしかありません。

　ヘーゲルはこうした振る舞いを「動物的」であると表現しています。論破しようとする人は、ロジカルに振る舞っているようでありながら、皮肉なことに無自覚のうちに本能の赴くままに気持ち良くなりたいだけの行動を取っている「動物」だと指摘しているのです。

　ヘーゲルはこの動物的な態度と対比する形で「**教養**（Bildung）」

相手を論破しようとする動物的な態度

共通の目的を達成しようとする教養的な態度

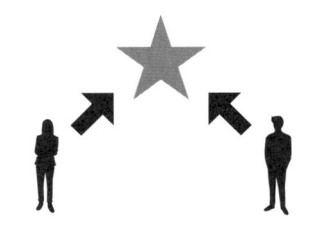

■**図表12　ドキュメントが目指す教養的な態度**

という概念を紹介しています。自分自身の固執した観念から離れ、他の人や社会との「共通の目的」のためにより良い形を模索することが教養であるというのです。

　人と人が対面で議論をすると、つい自分の意見を正当化し、相手の意見を否定したくなります。その気持ちのままで議論を続けると、いつの間にか自分が負けたくない、相手を負かしたいという「ヒトとコト」が混在してしまうことがあります。

　そこで、まず図表12のように**ドキュメントを作成して「共通の目的」を書き出す**のです。そして、それぞれの意見をドキュメントに書き足していきます。そうすることによって、ドキュメントの中に「共有された現実」を作り出せるようになります。

　そうすれば、ドキュメントに書かれた共通の目的を達成するために、それぞれがフラットに意見をドキュメントに追加し、「ヒトとコト」を切り分けて「コト」に向かえるようになります。このようにドキュメントは、教養的な態度で問題解決がしやすくなるという優れた機能を持っているのです。

　ヘーゲルは、「教養」とは単に物事の知識が豊富であることではなく、相手との対話の中で「互いにより良いものを目指していく姿勢」であると述べています。ドキュメントやオープンソースソフトウェアの考え方も、誰が文章やソースコードを書いたのかではなく、ドキュメントの目的やソフトウェアがより効果的に機能するように改善し続けるという意味では大変教養的な存在であるといえるでしょう。

　私たちは一人ひとりが異なった認識を持っている多様な存在です。ドキュメントを活用することで共通の目的を定め、客観的に見ることで多様な認識の食い違いを乗り越え、あらゆる人にとってより良い認識の土台を構築することを目指していきましょう。

GitLabのドキュメント・テキスト
活用に関する思想とルール

GitLabにおけるドキュメントの思想

　認識の違いを乗り越え、コラボレーションをしていくために、GitLabはどんな思想を持ってドキュメントを活用しているのか見ていきましょう。

　GitLabがハンドブックや各種ドキュメントを重要視しているのは、**ドキュメントがプロセス・ロスをなくし、全体のパフォーマンスを向上させる**と考えているためです。また、何か情報を得ようと思った際に、最新の正確な情報に迷うことなく瞬時にアクセスできる恩恵は計り知れません。

　こうした考えから、GitLabでは「**ハンドブックファースト**[1]」という思想を掲げています。ハンドブックファーストとは、組織のルールや情報をハンドブックに集約し、ハンドブックを共通の認識を作るための土台として構築して、ハンドブックのルールによって物事を決定していくやり方です。

　ハンドブックに書かれている内容が公式のルールであるため、ハンドブックに書かれていない内容によって物事が決まらないことが約束されなくてはなりません。GitLabではルールに則らない権力者が独断と偏見で物事を決めたり、権力を使って人を動かそうとしたりすることを禁止しています。

　ハンドブックファーストのカルチャーを育てていくためには、ハンドブックが実際に組織内で機能し続けていくことで、「自分たちの公式なルールなのだ」と信じられるようにしなくてはなりません。ハンドブックの情報を追加や修正をすることはすべてのチームメンバーに課せられた責任であり、ハンドブックによって定められたルールを遵守することを徹底します。このようにハン

ドブックを業務を進める上での根幹を成す土台として運用してい
くのがハンドブックファーストの考え方です。

　しかし、実際にハンドブックファーストを経験したことがない
場合、そのメリットを想像することが難しいことも理解できます。
そこで筆者が日常的にドキュメントを活用している立場から、ド
キュメントがない場合や活用しきれていないときに感じるストレ
スや不便さを紹介しながら、ドキュメントによる利便性について
説明していきます。

　ドキュメントのメリットを感じていない人たちにとっても、次
のような視点で見てみると、実は見えないコストを払い続けてい
ることを発見できるかもしれません。

●アクセスしづらい

　ドキュメントが充実していない場合、なかなか求めている情報
にたどり着けません。

　何か情報を得たいと思って探していても、ドキュメントが整備
されていないとチームメンバーのうち誰が情報を持っているのか
を探るところから始めなくてはなりません。求めている情報がチ
ームメイトの頭の中やローカル環境にある場合には、その人に直
接説明してもらわないと情報が得られなくなってしまいます。情
報を得るためにミーティングを組まなければならなかったり、
Slackなどで質問してもすぐに求めている十分な情報が得られる
とは限りません。

　場合によっては情報が複数のチームメンバーに分散しており、
1人と話しただけでは十分な情報が得られず、何度も質問しなけ
ればならないこともあるでしょう。このような問題は、1つのド
キュメントに探している情報が集約された上で検索しやすければ、

情報を探り当てるためのかなりの時間が短縮できるようになります。

　また、ドキュメントに情報が集約されていれば、関連する情報に対して相互にリンクを張ることによって、他の情報が必要になった場合にも素早く関連情報にアクセスできるようにもなります。さらに情報がわかりやすく構造化され、ディレクトリの概念で整理されていれば、関連するリンクがなかったとしても、直感的に近しい情報から独力でたどり着くことがより容易になります。このように構造的に情報が整理されていることによって、必要な情報へアクセスしやすいドキュメントを実現し、普段の仕事を効率的に進められるようになります。

　ただし、ドキュメントがあったとしても、情報がさまざまな場所に散らばっていたり、同じ内容のドキュメントが複数存在してしまったりしてはどれが正しい情報なのかわからなくなってしまいます。ドキュメントが存在しなかったり、一元性が低い状態であったりしては、情報にたどり着くまでのコストが高く、労力や時間の無駄が発生します。ドキュメントが検索しやすいように適切に整備されていれば、信頼できる情報にすぐにアクセスできるようになるでしょう。

●透明性がない

　ドキュメントが外部のメンバーに公開されていない場合、他の人の視点が入らないため情報が不完全なままで放置されてしまうことがあります。

　たとえば、公開範囲がチーム内に限定されているドキュメントは、限られたメンバーの視点で閉じてしまっています。そのため暗黙知になっていて、他のチームの人が読んでも意味がわからな

い説明が存在していたり、新しくチームに加わった人にとっては
わかりづらいドキュメントになってしまう場合があります。ドキ
ュメントにコンテクストが不足している場合には質問しなければ
なりませんし、質問してもドキュメントの所有者が情報を持って
いない場合には改めて他のチームメンバーに聞かなくてはなりま
せん。

　すべてのチームメンバーが確認できる共有ドキュメントの場合
には、そのドキュメントを見たすべてのメンバーが説明不足になっ
ている部分がないかをチェックできますし、より詳細な情報を
追加してドキュメントを育てられるため、誰が読んでも十分な情
報を得られるドキュメントになる可能性が高くなります。

　また、情報を特定の人が独占することで権力につながってしま
うという問題もあります。情報を独占している人の協力を得なく
ては物事が進められなくなったり、どのようなプロセスで意思決
定がなされたのかが見えず、公正でない判断がまかり通ってしま
ったりします。

　透明性が高いドキュメントに基づいて意思決定の経緯や情報が
記録されていれば、どのようなプロセスで物事が決まったのか明
確になり、不健全な権力構造を避けられるようになります。

●信頼性が低い

　口頭ベースの説明では根拠が曖昧であったり、同じ内容でも人
によって説明する内容が異なってしまったりすることがあります。
口頭の説明であっても根拠が存在する場合もあるとは思いますが、
話している最中に根拠にたどり着くことができないため、信頼性
が高い情報なのか確認が持てません。

　また、ドキュメントが存在していたとしても同じテーマを扱っ

た情報が複数の場所に存在し、それぞれ別のことが述べられていたらどうでしょう。ドキュメントの情報が信頼できず、正しい情報が得られなくなってしまいます。

このように、ドキュメントが存在しないコミュニケーションやドキュメントが存在していても、情報が古かったり、一元性が担保されていなかったりする場合には、情報の信頼性が損なわれてしまいます。

ドキュメントを作成する上では、根拠となるデータや引用をリンクすることで信憑性の高い正確な情報ソースとして活用できるようになります。また、関連する情報を1つのドキュメントに集約し、常に最新の状態に維持し続けることで、信頼性が高い情報源として活用できるようになるでしょう。

このような信頼性の高いドキュメントを維持し続けることで、ドキュメントを尊重し、活用し続けるハンドブックファーストのカルチャーを醸成できるようになります。

●記録性が低い

ドキュメントではなく誰かの記憶に情報がある場合、情報を持っている人が詳細を忘れてしまうとその情報は永遠に失われてしまいます。言った言わないの論争は関係性を悪化させ、不要なコストを発生させてしまいます。人間の記憶は曖昧で不確かなものです。ドキュメントがあればこうした問題を避けることができるでしょう。

こうした見えないコストを払うことから決別し、効率的に仕事を進められるようになるために「ハンドブックファースト」が重要なのです。確かに、ハンドブックというSSoTを作り上げるこ

とは大変だと感じるかもしれません。しかし、実際に作り上げてみるとハンドブックがなかった時期が信じられないくらい効率性が上がるはずです。

　また、ハンドブックに書かれている内容によって物事が決まり、暗黙の了解や個人の好き嫌いといったコントロールできない要素で決まらないことは、社内政治や権力者のご機嫌うかがいをしなくても良いという安心感をもたらしてくれます。無駄が少なく、安定感のある仕事環境を整えることにハンドブックは貢献してくれるはずです。

　GitLabはハンドブックの価値があるとわかっていても踏み出すのに躊躇している企業に向けて次のように述べています。

　「時間が経つにつれてハンドブックを作る手間は増していき、早く作るほどハンドブックを育てる時間が増えます。ハンドブックを作るのに最高のタイミングは創業時ですが、その次に最適なタイミングは今日この瞬間です」

　ハンドブックを作るのは大変だと思うかもしれませんが、実は気軽に始められる性質を持っています。ハンドブックがあれば便利だなと感じる項目からでも、まずはスタートしてみましょう。

Value を基準にする

　ここまでの説明でドキュメントが対話の土台となることを説明してきました。しかし、客観的なファクトをドキュメントに集められたとしても議論になってしまう場合にはどうしたら良いのでしょうか。

　たとえば、「品質」と「スピード」のどちらを優先するか、とい

ったどちらの言い分にも納得できる理由がある場合の進め方です。

　意思決定の責任者が明確に決まっているときであれば責任者がリーダーシップを発揮すれば解決します。しかし、明確な意思決定者がいない場合には、チームとしてどのような優先順位を付けていくか決めなくてはなりません。

　GitLabではこうした見解の違いを建設的に乗り越えるために、**GitLab Values**を公式の業務ルールとすることで議論になった場合の基準として活用するようにしています。

　GitLabには、「**Collaboration（コラボレーション）**」「**Results for Customers（顧客の成果）**」「**Efficiency（効率性）**」「**Diversity, Inclusion & Belonging（ダイバーシティ、インクルージョン＆ビロンギング）**」「**Iteration（イテレーション）**」「**Transparency（透明性）**」という6つのValueが存在し、それぞれに具体的な行動原則が「GitLab Handbook」に記載されています。

　先ほどの品質かスピードかという議論に対しては、図表13のようにGitLab Valuesのヒエラルキーによって優先順位が定められており、これをベースとして議論していきます。

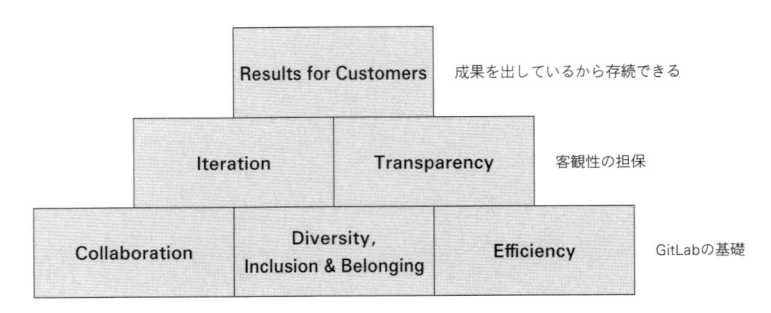

■ **図表13　GitLab Valuesのヒエラルキー**

意思決定の優先順位を決めるGitLab Valuesのヒエラルキーは、事業存続を左右する「Results for Customers」が頂点にあります。顧客の成果を出すためにサービスの改善を続け、健全さを維持するために「Iteration」と「Transparency」が続きます。そして、「Collaboration」「Diversity, Inclusion & Belonging」「Efficiency」が普段の効率的な業務をする上での土台として機能しています。

　もし、ある取り組みを行う際に品質にこだわるか、スピードを優先するかという議論が起きた際、影響度合いが同じくらいであれば、まずは「顧客の成果」に貢献することが最上位ですから、スピードを重視して早く顧客に届けるほうが望ましいといえるでしょう。

　また、「Efficiency」の中に「最小限の変更を行い、最速でリリースする（Move fast by shipping the minimal valuable change）」という行動指針や、「Iteration」の中に「一刻を争う（Don't wait）」が存在します。スピードを優先してユーザーにまず届け、フィードバックを活用して改善していくやり方をGitLabは採用しているので、この視点を加えてもスピードのほうが優先度が高そうです。

　しかし、これは品質を無視して良いという意味ではありません。品質が後戻りできないくらい致命的なものであったり、ユーザーに多大な悪影響を及ぼしたりする場合には、その限りではなく、品質が優先される場合もあります。影響度合いに差がある場合には、単純なヒエラルキーで決めるのではなく意思決定の責任を持った人が総合的に判断して決定します。こうした基準が明瞭になっていることによって、自分の思い込みで物事を判断するのではなく、組織としてどのような基準で物事を捉えれば良いのかという視点を持って議論をしていけるようになります。

Valueについては第2部で詳しく解説していますが、より詳しい解説は、「GitLab Handbook」のGitLab Valuesに関しての項目[2]や拙著『GitLabに学ぶ世界最先端のリモート組織のつくりかた』をご覧ください。

コミュニケーションガイドラインを設定する

テキストコミュニケーションをする際のガイドラインについても見ていきましょう。

Slackやメールなどで行われるテキストコミュニケーションでは、対面で話しているときとは異なり、相手の表情や細かいニュアンスが汲み取れないことが往々にしてあります。そのため、意図せずに相手を傷つけてしまったり不安をあおってしまったりすることがあります。また、テキストコミュニケーションになった途端に、普段対面で話しているときには使わないような冷淡で端的な表現を用いてしまうケースも見かけます。こうした振る舞いは不必要に相手を萎縮させたり、コラボレーションを阻害したりする要因になるため、GitLabでは**コミュニケーションガイドライン[3]を設定すること**によって、コミュニケーション体験の標準化を行っています。

こうしたガイドラインがルール化され、ドキュメントとして公開されていることで、新しく入ったメンバーが空気を読まなくてもコミュニケーションの方法を学べ、ガイドラインを参考に実行できるようになります。

さらに、ルールが明示されているので、ガイドラインを守っていない人がいたときにはハンドブックのURLを渡して、これを

守るようにリクエストできます。ルールがない中で批判的なフィードバックを受けると自分は無能と見られているのではないかと心配になったり、失敗したと感じてしまったりすることがありますが、きちんとルール化されていれば、フィードバックする側の罪悪感も減りますし、フィードバックを受ける側もショックを覚えずに指摘を受け入れられるようになるはずです。

コミュニケーションガイドラインはドキュメントに限らず、組織内で行われるすべてのコミュニケーションに対するガイドラインです。ドキュメント以外のことについても詳しく説明されているので、興味があればご覧ください。

ここでは、特にドキュメントやテキストコミュニケーションに関連するコミュニケーションガイドラインの内容をいくつか紹介します。

●前向きな意図を想定する

誰かの問題を責めるためにテキストメッセージやドキュメントを送ってはいけません。

チームメイトが悪意を持って問題を発生させたり、意図的に手を抜いていたりということはほとんどありません。何か問題があるとすれば、多くの場合は状況に問題があります。テキストメッセージを送ったり、ドキュメントを作成したりする際には、チームメイトが責任を果たすために努力を続けている前提に立って作成するようにしましょう。

メッセージを送る相手は必要な努力をすでに行っており、あなたは共通の目的のために相手をより良くしたいというメッセージを込めて送るようにしましょう。

●優しさが重要

優しさを持ってメッセージを送るようにします。

あなたはモニターを見てテキストメッセージやドキュメントを作成しているかもしれませんが、そのメッセージの先にはチームメイトが存在しています。相手に面と向かって話せないメッセージはテキストメッセージであっても送るべきではありません。直接話すような思いやりを込めてメッセージを送りましょう。

●自分の考えをインクルーシブに表現する

さまざまな考えを持つ人たちが理解できるようにドキュメントやメッセージを作成します。

私たちは異なる視点や価値観を持っていることがよくあります。あなたにとって当然のことが他の人にはそうでないことが往々にして発生します。そのため、ドキュメントを作成する際には、なるべく多くのコンテクストを織り込むようにします。あらゆる人があなたが何を考えているのかわかるように、物事についての考え方、意見、感情などを含め、多角的に情報を追加していきます。

●直接影響を与えられるものに焦点を当てる

コントロールできない話題については語らないようにします。

時価総額や景気動向などは直接影響を与えられないため、ドキュメントを作成したり、議論したりすることに時間を費やすべきではありません。機能の開発や取れるアクションなど、自分たちが影響を与えられるものについて作成するようにします。

このようなコミュニケーションガイドラインを設定することで、「推奨される行動」と「してはいけない行動」がわかりやすくな

ります。テキストコミュニケーションに限らず、コミュニケーション全般に効果的なので、ぜひ作成してみてください。

ライティングに特化したガイドラインを設定する

先ほど紹介したコミュニケーションガイドラインは、コミュニケーション全般に関するガイドラインでした。GitLabでは、これ以外にも**テキストライティング専用のガイドラインを用意しています。**

テキストライティングに特化したガイドラインが存在することで、社内のテキストコミュニケーションが円滑に行えるようになります。それだけに限らず、社外向けのコンテンツやビジネス文書を作成する際には、ブランド毀損や情報漏洩といったリスクも回避できるように作られています。

GitLabのテキストライティングに関連するガイドラインは3種類存在しています。1つ目が「**ライティングガイドライン**」です。ドキュメントに対するライティングの基本的なスタンスを定めています。2つ目が、文章のトーンや書式などを定めた「**コンテンツスタイルガイド**」です。最後に適切な用語を用いるための「**用語集**」があり、これらを組み合わせることでドキュメントやライティングの品質を維持しています。

最初に「ライティングガイドライン[4]」から確認していきましょう。ライティングガイドラインは、GitLabのドキュメントを活用したコミュニケーションのガイドラインです。主に社内のチームメンバーに向けたドキュメント作成やテキストライティングを想定しており、普段のコミュニケーションの中で生じるチャッ

トやメール、議事録などのライティングに活用できる内容をカバーしています。

社外に向けたコンテンツを作成する際には、「**コンテンツスタイルガイド**[5]」を活用してライティングを行います。コンテンツスタイルガイドは、記事や広告、プレスリリースなどのコンテンツを作成するすべてのチームメンバーが対象となるライティングガイドラインです。コンテンツを作成する場合のトーンやスタンス、語彙、文法、句読点、書式設定などのルールを規定し、コンテンツの一貫性を保証しています。こうした基準を設けることによって、GitLabらしくない情報発信の仕方や品質の低いコンテンツを避けられるようになります。コンテンツスタイルガイドにはさらに分類があり、ブランディングを維持するための「**ブランドボイス**」と具体的なルールを規定した「**スタイルと書式設定**」という2つの要素で構成されています。

最後の「用語集[6]」は、GitLabに関連が深い専門用語や技術的な用語の正式名称を定めたものです。同じ内容を別の言葉や表記で説明しないように、用語集に書かれている内容を正しい表記としています。

それぞれのガイドラインについて以下で見ていきましょう。

ライティングガイドラインを設定する

ここでは「ライティングガイドライン」についていくつか紹介します（図表14）。技術的な専門用語の活用方法などはGitLabのコミュニケーションに関するページ[7]に詳しく記載があるので、そちらを確認してください。

1．コピー&ペーストが困難になるため、リッチテキスト
（Microsoftが策定した文書形式で文字装飾などのレイアウ
ト情報を追加したもの）は使用しないようにします。マー
クダウン（通常のテキストをHTML文書へ変換できるフ
ォーマット）を使用してテキストの書式を設定します。
Googleドキュメントの場合は、既定のスタイル／見出し／
書式設定のドロップダウンを使用して「標準テキスト」を
使用し、貼り付けをするときには「書式設定なし」で貼り
付けを行います。

2．マークダウンを活用する際には、マークダウンスタイル
ガイド（https://handbook.gitlab.com/docs/markdown-guide/）
を参照して利用します。

3．英語で表記する場合には、怒鳴っているように見えるた
め大文字だけの文章を書かないようにします。テキストで
叫びたい場合には、叫ぶ専門のSlackチャンネル（#all-
caps）で思う存分叫んでください。

4．GitLab Incはサンフランシスコを拠点とする企業ですが、
国際的に多様性のある企業でもあります。米国外のチーム
メンバーを「外国人」とは呼ばないようにします。代わり
に「米国以外」を使用します。また、「オフショア・海外」
の使用も避けます。これは日本に本社があって海外と業務
で関わることがある企業にとっても意識しなければならな
いポイントです。国際感覚のある人なら当たり前のことで
すが、自国に長くバックグラウンドを持っていない人たち
を「外国人」（特に「外人」）や「foreigner」と呼ぶこと
は、欧米圏の人から見たらかなり違和感のある表現で、び

つくりされることがあることを認識しましょう。これは特に東アジア圏や日本にバックグラウンドを持つ人に見られる傾向でもあります。

5．コメントまたはメールで複数のポイントがある場合は、番号を振ります。番号付きのリスト（箇条書き）を使うことで、ディスカッション中に何について議論しているか参照しやすくなります。

6．コンテンツやドキュメントなどを参照できるURLがある場合は、URLを記載します。

7．新しくURLを作成するときやタイトルに用いるときには、常にアンダースコア（ _ ）よりもハイフン（ - ）を優先し、小文字で記載します。

8．「コミュニティ」という言葉には、ユーザー、コントリビューター、コアチームメンバー（ボランティアメンバー）、クライアント、GitLab Inc.で働く人、GitLabのことが好きな人たちが含まれています。「GitLab Incで働いていない人」を示すために「コミュニティ」という言葉を使用しないようにします。GitLab Inc.で働いている人たちについて言及したいときは、「GitLab Inc.のチームメンバー」を使うことはできますが「GitLab Inc.の従業員」という言葉を使わないようにします。

9．GitLabのチームメンバー以外のGitLabコミュニティについて言及する場合には、「より広範なコミュニティ（wider community)」と表現します。

10．すべてのドキュメントで性別に依存しない言葉を使用します。彼・彼女ではなく、theyやチームメンバーのような言葉を使います。

11. メールに返信が必要な場合は、メールの先頭に結論となる回答を記載します。
12. できるならば、可能な限り略語は使用しないようにします。略語に慣れ親しんでいない人が適切な情報を得るためのハードルを上げてしまいます。
13. 略語を用いる場合は、一度は正式名称を紹介して略語を定義します。たとえば、「merge request（以下MR）」といった形にします。もしくは、略語を定義した部分へのリンクを張ることでも問題ありません。
14. 略語の意味がわからない場合には、Slackの質問チャンネルなどでいつでも気軽に質問してください。

■ 図表14　GitLabのライティングガイドライン

ブランドボイスを活用する

コンテンツスタイルガイド[8]は、「**ブランドボイス**」と「**スタイルと書式設定**」の2つで構成されています。ここではブランドボイスについて説明します。

ブランディングの世界では、ブランドが持っている独自の世界観やコミュニケーションのスタイルのことを「ブランドボイス（brand voice）」と呼んでいます。

一貫したブランドボイスを維持し続けることは、ブランドの認知度や信頼性につながります。こうしたブランドボイスの積み重ねがブランドの価値を広め、競合との違いを明確に表現する価値となっていきます。

GitLabのブランドボイスは、「**ビジョナリー（Visionary）**」「**共感的（Empathetic）**」「**意図的（Intentional）**」という３つの要素から成り立っています。それぞれのニュアンスを皆さんがブランドボイスを作る際の参考にできるように解説します。

　まず、「ビジョナリー」という言葉が意味しているものは、GitLabが覚悟を持って研鑽を積み重ねる技術専門家であり続け、業界や分野をリードして作り上げていくスタンスです。

　GitLabはビジョナリーという言葉のもと、クライアントとコミュニティが目的を達成できるような価値を提供することに全力で取り組むと宣言しています。

　マーケティング目的のミーハーな機能開発を目指すのではなく、顧客の成果につながる機能を提供することにフォーカスして継続的な改善を続け、具体的な行動を通して物事を成し遂げる姿勢を示すことで、クライアントが目的を達成できるように支援するのです。地に足の着いた洗練された専門家として誰もが貢献できるようにリードしていくことを目指していきます。

　２つ目の「共感的」とは、GitLabは思慮深く、協力的で思いやりがあり、地球規模でインクルージョンを体現する親しみやすい存在を目指すというイメージです。

　GitLabの取り組みが良いものだからといって、盲信して熱心に勧誘し過ぎると引かれてしまうこともありますし、逆に何でも相手に合わせて媚びて賛同することも共感とはいえません。

　自分たちと相手を等しく価値のある存在として尊重し、相手がどんな立場に置かれており、何を考えているのかを理解しようとする姿勢が重要です。

　チームとクライアントの多様なニーズを実態に基づいて把握して、使いやすいようにサポートし、クライアントを成功に導くソ

リューションを提供することに専念していきます。

3つ目の「意図的」とは、ゴールを意識し、実際に影響を及ぼすことに取り組み、透明性を保つことです。

クライアントから信頼される体験を提供するために、明瞭で本質的なコミュニケーションを取る姿勢を意味しています。

3つの要素について説明してきましたが、こうした抽象度の高い表現は言葉の解釈によってブランドを毀損してしまうことがあります。

たとえば、ビジョナリーを体現するためにクライアントにインスピレーションを与えたいと考え、そのために「あなたはだまされている！」とか「誰も気付いていない真実がある！」などと必要以上に感情をあおるような表現を使ってしまうと、結果的にGitLabが表現したかったブランドボイスとは異なるイメージを持たれてしまうかもしれません。

こうした誤ったメッセージを避け、ブランドボイスをより具体的に活用できるようにするために、GitLabは自分たちがこう振る舞うべきであるという**「あるべき姿」のイメージ**と、あるべき姿をしているつもりが実は異なる振る舞いをしてしまっている**「避けるべき姿」**を図表15〜17のように明示しています。

こうしたガイドラインを作る際に「明瞭」の反対側に「曖昧」などと反対語を置きたくなってしまいますが、反対語で表現することには実質的な効果があまりありません。勘違いしたときに発生することが多い振る舞いを抑制するようなガイドラインにすることが実際に活用する上で有用な方法です。

あるべき姿	こうなってはいけない
ひらめき・気付きを与える（Inspirational）	感情をあおる（Sensationalistic）
技術専門家（Technical experts）	近づきにくい（Inaccessible）
洗練された・教養のある（Sophisticated）	傲慢・尊大（Arrogant）
革新的（Innovative）	非現実的（Impractical）

■ **図表15　ビジョナリーであるものとそうでないもの**

あるべき姿	こうなってはいけない
協力的（Collaborative）	迎合する（Deferential）
親しみやすい（Approachable）	熱心過ぎる（Overeager）
インクルーシブ（Inclusive）	恩着せがましい（Patronizing）
思慮深い（Thoughtful）	冷酷・無感情（Insensitive）

■ **図表16　共感的であるものとそうでないもの**

あるべき姿	こうなってはいけない
明瞭（Clear）	意見を押し付ける（Pushy）
焦点を絞った（Focused）	柔軟性がない（Inflexible）
信頼性が高い（Reliable）	厳格過ぎる（Rigid）
透明性の高い（Transparent）	見境のない（Reckless）

■ **図表17　意図的であるものとそうでないもの**

スタイルと書式設定を活用する

　コンテンツスタイルガイドのもうひとつの要素である「スタイルと書式設定」についても見ていきましょう。

GitLabは「スタイルと書式設定」を作成する際に、AP通信社のドキュメントルールを記したスタイルブック[9]をベースにして組み立てたそうです。このスタイルブックは「**APスタイルブック**」と呼ばれ、報道関係者、教育機関、広報宣伝部など公的な情報発信を行う機関で幅広く使われています。つまり、GitLabの「スタイルと書式設定」を学べば、こうした公的な情報発信をする上での基本を押さえることができます。

GitLabの「スタイルと書式設定」では、文法や引用の方法、句読点の使い方など、基本的なドキュメントに関するフォーマットを規定しています。しかし、GitLabは社内公用語が英語であるため、スタイルと書式設定のガイドも英語を想定した内容です。そのため、日本語メインの場合には関連が薄い項目もありますが、GitLabがどれだけこだわってスタイルを指定しているかを把握するために、日本語とは関連が薄い部分も紹介しておきます。

日本語でのスタイルと書式設定を決める場合には、GitLabのスタイルと書式設定で指定されている各項目を参考にしながら、不要部分は削除して日本語に応じた形で設定し直すことが望ましいでしょう。なお、日本でも「APスタイルブック」のようなメディアや編集者向けの日本語表記や編集に関するルールブックなども出版されているので参考にしても良いでしょう。

それでは、スタイルと書式設定の具体的な内容について見ていきます。

●略語

略語にはアクロニム（acronym）とイニシャリズム（initialism）があります。

アクロニムとは、NASA（ナサ：National Aeronautics and

Space Administration）のように各単語の頭文字をつなげて単語として読むものです。

イニシャリズムとは、FBI（エフビーアイ：Federal Bureau of Investigation）のように各単語の頭文字をそのままアルファベットとして読むものを指しています。

略語を用いる場合、最初に記載するときには省略せずに正式名称を使用し、その後ろにカッコを用いて略語を記載します。

たとえば、Dynamic Application Security Testing（DAST）のような形です。同じコンテンツの中で略語が一度しか出てこない場合には省略せずに用語をそのまま記載します。また、略そうとしている単語が固有名詞の場合、略語を構成する各単語の頭文字を大文字にします。たとえば、GitLab Dynamic Application Security Testingのような形で表記します。

●短縮系

英語で表現する際には堅苦しい表現を避けて人間味のある表現にするために、短縮形（can't、didn't、it's、we're）を優先して用います。

●リスト

番号付きリストまたは箇条書きリストに並んでいる文章がそれぞれ関連している場合には、リスト内の最初の文字を小文字にします。リスト内の各項目が関連しておらず、独立した文章の場合には、最初の文字を大文字にしてピリオドを付けます。

●代名詞

特定の誰かを指名する場合を除いて、性別に依存しない代名詞

（they、them）を使用します。

●引用

引用する場合には、ダブルクォーテーションマーク（" "）を用います。引用内で会話を表現する際にはシングルクォーテーション（' '）を使用します。カッコ内にカンマとピリオドを含めます。引用の一部である疑問符や感嘆符はカッコ内に含めます。

●綴り

GitLabのブログやマーケティングサイトでは、デフォルトでアメリカ英語を使用します。

●能動態・受動態

可能な限り能動態を用います。能動態を用いることで、主語と動詞を明確にできます。どうしても受動態を使いたい場合には、なぜ受動態を用いるのか指摘されたときに説明できるようにあらかじめ意識しておいてください。

●ブランドと出版物の引用

各社のブランドガイドラインに従って記載します。ブランド名または出版物を引用するときは大文字にします。

●GitLabの機能・部門・チーム

部署やチームの最初の単語は大文字にしますが、その後に続く単語は大文字にしません。

●役職

文中の役職名は小文字を使用します。

●タイトルとヘッダー

一般的に、すべての見出し、タイトル、小見出しには大文字を
使用します。

●日付のフォーマット

外部向けのコンテンツでは、日付は月を省略せずに書き、年の
前にカンマを使用します。内部向けのコンテンツは「yyyy-mm-
dd」とします。

●時刻

a.m.とp.m.を使用します。

●アンパサンド

アンパサンド（&）は会社名、出版物のタイトル、または正式
名の一部である場合にのみ使用します。本文中で and の代わり
にアンパサンドを使わないようにします。ディスプレイ広告の見
出しなど、文字数が非常に限られている場合にのみ、やむを得ず
アンパサンドを用いることがあります。

●コロン

コロン（:）を用いる場合は、コロンの後の最初の1文字を大
文字にします。文章でなかったとしても、タイトルにコロンを使
う場合は、その後の最初の文字は必ず大文字にします。

●三点リーダー

（...）の前後にスペースを1つずつ入れます。

●ハイフン

ハイフン（-）を使用して、別の単語を共同で修飾する2つ以上の単語（たとえば、built-inなど）を接続します。一般的に、semi、pre、non、un、sub、multiなどの接頭辞（プレフィックスと呼ばれる、文章の前に付ける言葉）はハイフンでつながないようにします。例外は接頭辞の最後の文字がつながる言葉の最初と同じ文字である場合（たとえば、sub-bucketなど）です。接頭辞の後に固有名詞が続く場合、およびall-、mid-、ex-、self-で始まる単語にはハイフンを使用します。

●スペース

ピリオドの後にはスペースを1つだけ使用します。数字と単位の間にはスペースを使用します。

●数字

原則として Zero から Nine までは数字を使わずに記載します。

例外として、パーセンテージと吹き出しボックス、統計リストには数字を使います。

パーセンテージを表現する場合には数字と%で表します。文字数が限られている場合や統計の箇条書きリスト、ケーススタディの統計の吹き出しなど数字を強調したい場合には10未満の場合でも数字を使用することがあります。

タイトルなどの見出しの先頭に数字を入れるときには、10未満であっても数字を使用しましょう。

4桁以上の数字にはカンマを入れます。基本的に「k」「M」などの大きな数字の略語は避けます。これらは文字制限が厳しいときなど、スペースが限られていてやむを得ない場合のみ使用できます。

●通貨

通貨に言及する際には、ISO 4217の通貨コード（たとえば、10 USD、15 EUR、30 CAD、30,000 JPY、29.99 CHF）を利用します。

●パーセンテージ

原則として「パーセント」ではなく「%」を使用します。

用語集を設定する

同じ事柄を表す際に違う言葉で表現してしまうと、別々の事柄を示していると勘違いさせたり、意味を把握しづらくなったりするなど、ドキュメントの品質を落とす原因になってしまいます。

GitLabでは適切な単語を整理した用語集を用意してドキュメントやコンテンツの品質を保っています。

スタイルガイドでは文法や、一般的な記号や数字の使い方などを規定してきましたが、用語集は**より具体的な個別の単語について指定しています。**

いくつか具体例を見てみると、「サインインユーザー（signed in user）やログインユーザー（logged in user）ではなく、認証済みユーザー（authenticated user）という単語を用いる」とい

ったようなものや、「CI/CD（継続的インテグレーション／継続的デリバリー＆デプロイ）は、CIとCDをそれぞれ単独で使ってはならず、常に大文字にする」といったようなものです。

こうした単語のルールが200個以上存在しており、今後も必要に応じて増えていくことでしょう。

皆さんのチームで用語集を作る場合も、実際にドキュメントを作成する中で異なる表現が出てきたら用語集へ追加していく形で進めていくと良いでしょう。

この用語集に加えて、**誤用されやすい用語のリスト**[10]も存在しています。このリストには誤用されがちなワードとそれをどのように置き換えるべきか、そしてその理由について解説がされています。

たとえば、「自分たちのことをリソースと呼ぶのではなく、人々と呼ぶ」といったものや、「社内の他のチームのことを彼らと呼ばず、〇〇チームと呼ぶ」といったものです。

日本では古来から「言葉には不思議な力がある」とか「言霊」といわれるような言葉の力を示唆するような表現があります。心理学でも「プライミング効果」といって自分の発した言葉が、自分自身の記憶に影響を与えるといわれています。発した言葉に関連する感情を想起することから、こうした言葉遣いにこだわることには意味があるといえるでしょう。

細かいように思えるかもしれませんが、用語集に従わないメッセージや誤用の例で書かれているような表現は本来意図している意味と違うメッセージを伝えてしまうため、ブランドの毀損やチームの関係性の悪化につながってしまいます。

思想の一貫性を維持することによって、組織がどのような価値観を持って物事を判断しているのかという基準を日常的に意識す

ることにもつながり、Valueの浸透やカルチャーの醸成につながっていくのです。

ツールを指定する

　ドキュメントを作る際にSSoTを徹底するためには、**ツールを最低限に集約すること**が重要です。

　情報がさまざまなツールに分散してしまうと、ほしい情報がどこにあるかわからず、アクセスしづらくなります。それだけでなく、複数のツールに同じ情報が存在していると、どれが最新の情報なのかわからなくなってしまいます。

　GitLabの場合はハンドブックに全体が活用する情報を集約しています。ハンドブックに記載する必要のない情報はGoogleドキュメントを活用し、Slackは補完的に活用しています。

　ハンドブックへの情報集約を徹底するために、Slackは90日で情報が削除されるように設定されており、長く残しておく必要があるドキュメントやテキストはSlack以外の場所に記載するように求められます。

　もし皆さんがハンドブックを作る際には、GitLabを活用したり、Notionなどで作成したりすることをGitLabは推奨しています。wikiでハンドブックを作ることも考えるかもしれませんが、wikiは選ばれた少数の人によって更新する設計になっている上に複数ページの更新が困難であるため、wikiの利用は避けることが望ましいとされています。

　議事録などのミーティング資料はGoogleドライブを活用しています。カレンダーの予定に紐づける形で議事録をGoogleドキ

ュメントに残すことによって、後からそのミーティングで話された内容を確認したい場合には誰でも簡単に見られるようにしておきます。こうすることによってカレンダーをクリックすれば、そのときに話された内容がしっかりと残っている状態を作り上げることができます。

メンテナーを設定する

GitLabでもハンドブックは**ページごとにメンテナー（Maintainers）が指定され、コンテンツの品質に責任を持つようにしています**。

GitLabの場合は、自社のサービスであるGitLabを使ってハンドブックを構築しており、すべてのチームメンバーがハンドブックに新しい情報を追加、修正、削除をする提案（マージリクエスト）を行うことができます。

メンテナーはそのマージリクエストを確認し、公開されるハンドブックに取り入れるか、修正を依頼するか、却下するかを選択します。

提案に対して修正を依頼したり却下したりする場合には、相手にとって参考になるフィードバックをしなければなりません。提案者が改めて提案をする場合に、どうすれば次は修正依頼や却下をされずに統合されるのかという視点やコンテクストを与えることを意識してフィードバックします。

ただ冷たく却下するだけでは、その人がまた何かに貢献したいと思っても、どうすれば貢献できるのかわからずに躊躇してしまいます。コンテクストを説明してから次の提案を促すことで、マ

ージリクエストを出すことに徐々に慣れていき、組織に属している チームメンバーの中にドキュメントを育てるというカルチャー が根付いていくのです。

GitLab以外のツールを使ってハンドブックを作る場合でも、 ドキュメント全体の品質に責任を持つ人を明示的に決めておくこ とが望ましいでしょう。責任が曖昧になってしまうと、ちょっと した手抜きやルール違反が見逃され、いつの間にかドキュメント 文化が崩壊していくことにもつながります。

ドキュメントは常に下書きである

GitLabが考えているドキュメントライティングが一般的なド キュメントライティングと異なる部分は、ドキュメントを**動的な もの**として考えていることです。

一般的な企業では、ドキュメントを作成する際になるべく「完 璧なドキュメント」を作ろうと意識するのではないでしょうか。 また、それが外部の人の目に触れる可能性があるならばなおさら 恥ずかしくないドキュメントにしようと考えるのは自然な感覚だ と思います。

しかし、GitLabでは「完璧なドキュメントは存在しない」と いう前提に立ち、「**すべては下書きである**」という考え方を持っ ています。

GitLabはハンドブックの情報をWeb上で公開し、機密情報以 外の情報を誰もが目に見える形で公開しています。しかし、彼ら は完璧なドキュメントでなければ見せてはならないとは考えてい ません。実際に、GitLabではコンテンツタイトルだけのまっさ

らなページでも公開してしまいます。そのページに細かく情報を追加しながら不明瞭な部分を修正したり、他の情報とのリンクを張ったりすることでドキュメントの価値を高めていくのです。

こうした考え方は、GitLab Valuesの「**イテレーション**」という考え方に紐づいています。長い時間をかけて完璧なドキュメントを作ろうとしても、もし認識の行き違いがあって間違った情報を記載してしまっていたらどうでしょう。せっかく長い時間をかけてドキュメントを作っても、やり直しになってしまいます。これでは労力が無駄になってしまいますし、情報を求めている人に情報が伝わるまでの時間も延びてしまいます。このため、Git-Labではまずは人の目に触れる状態にして、可能な限り早くフィードバックが得られるようにすることを重要視しているのです。

GitLabのValueのひとつ「Results for Customers（顧客のための成果）」の中に、「活動ではなく影響を計測する」という行動指針もあります。どれだけ時間をかけても、顧客やチームメンバーに影響を与えなければそれは成果とはいえません。まずは、他の人の目につく場所に公開し、顧客やチームメンバーに影響を与えることが重要なのです。こうした考え方から、すべてのドキュメントはより改善できる下書きであるというスタンスが取られています。

また、状況が変化すればルールも変化します。正しかったルールがこれからも正しい保証はありません。ドキュメントが動的なものであり、常に最適な状態を目指そうとし続けるスタンスがGitLabのドキュメントに対する考え方です。

ドキュメントを組織の公式見解にする

ドキュメントに書かれていることを組織の公式見解として遵守することがドキュメント文化、ハンドブックファーストを実現するためには不可欠です。

せっかくルールを作っても、ルールに関係なく物事が決まってしまう状況では、権力を持っている人の好き嫌いで意思決定が行われてしまいます。そうした状況ではルールを作る意味が見いだしづらくなるため、ドキュメントを育てていくことは困難になり、疑心暗鬼の中で周囲の顔色をうかがいながら立ち振る舞うカルチャーを醸成することになってしまいます。

ドキュメントに書かれている「公式のルールによって物事が決定される」と組織に属しているすべてのチームメンバーが確信していれば、攻撃される心配がなくなることから心理的安全性が保たれ、チームの目的を達成するためにリスクを恐れない議論が行われるようになります。

たとえば、GitLabには「**恥ずかしさのハードルを下げる**」という行動指針があります。勇気を出してチャレンジした人が責められることなく、基準に基づいて称賛されることで、それを経験した当人や目にしたチームメンバーは、次からももっとチャレンジしやすくなるでしょう。

こうしたハンドブックファーストのカルチャーは、複数のドキュメントに異なる公式見解が書かれていては成り立ちませんし、古い情報と新しい情報が混在していても効果的に機能しません。こうした事情から他の場所に情報が存在せず、最新の情報が集約されているSSoTが必要になるのです。

ハンドブックファーストのカルチャーが根付いてくると、チームメンバーは自分が正しいと思ったことをハンドブックやドキュメントに提案するようになります。それを見て、他のチームメンバーもさまざまな角度からハンドブックに情報を追加するようになっていきます。これが繰り返されることによって、多角的な視点でより素晴らしいルールへとブラッシュアップできるのです。

　こうしたやり方が浸透してくると、自分の提案が間違っていた場合にも、自分が否定されるような感覚になることなく、組織を前進させるためのきっかけになったとポジティブに捉えられるようになります。

　このように、**組織の公式見解はドキュメントなどで宣言されている必要があることと、それがきちんと遵守されていること**が重要です。暗黙のルールが存在したり、ルールがあっても守られなかったりすれば、誰も*ルールを作ろう*とは思わなくなります。この2点をしっかりと押さえることで、安心で効果的なドキュメントカルチャーを醸成していきましょう。

ハンドブックはデフォルトで公開

　GitLabはハンドブックをインターネット上で公開していますが、社外に出せない極秘の情報以外はすべて公開するように徹底されています。この透明性を維持するために、GitLabでは情報の「**デフォルト設定を公開にする**」というやり方をとっています。

　通常、組織としてはリスクを考えるとデフォルト設定を非公開にしたくなる心理が働くのは自然な流れです。外部や周囲から間違いを指摘されたり、不完全な状態で公開したりすることに恥ず

かしさを感じてしまうこともあるでしょう。こうした状況の中では、情報を非公開にするのが当たり前になってしまい、透明性が低く、限られた人しか目にできない情報になってしまいます。その結果、客観性に欠けるストーリーや見解がまかり通ってしまい、社内政治や本質的ではない意思決定につながってしまうことがあるのです。

こうした圧力に負けないために、GitLabでは**デフォルト設定を公開**とし、非公開としたい場合には「非公開にしても良い」という承認を得た記録を残し、情報管理に関するURLのリンクを張ることを必須にしています。

ただその一方で、法的観点から情報公開のリスクが高いと判断された場合には、法務部は公開差し止めを行う権限を持っています。このような決まりを作ることで、非公開にすることの圧力に抵抗しながら、企業としてのリスクをケアしているのです。

また、この情報公開のルールが正しく運用されていくことによって、チームメンバーも高いスタンダードに応えるために、情報発信に対する品質への理解と適切なドキュメントを作成するスキルが自然と身につきます。これにより、情報はパブリックに公開されているのにリスクも抑えられている状況を作り上げられるようになるはずです。

とはいえ、これはGitLabが思想的に徹底してやってきた結果でもあるので、多くの企業がここまでオープンに組織のルールを公開するのは難しいかもしれません。あくまで社内限定のハンドブックという形になることも多いと思います。その場合であっても、**社内のあらゆる人がハンドブックにアクセスでき、基本的に情報がすべて公開されている状況を作ること**を目指すべきでしょう。

役職によってアクセスできる情報が違う企業もあるでしょうが、本当に非公開にする必要がある情報なのかは、次に説明するSAFEフレームワークのような基準を設けて、精査してみることをお勧めします。

SAFEフレームワーク

　情報は基本的に公開されるという話をしましたが、非公開にする場合についてもその基準などを見ていきます。

　GitLabのやり方では、非公開情報に当たるものを認定するためのフレームワークを用意し、誰でも非公開情報かどうかを判断できるようにしています。非公開にする情報を厳密に判断できるようにすることで、それ以外の情報はすべて公開できる状況を作

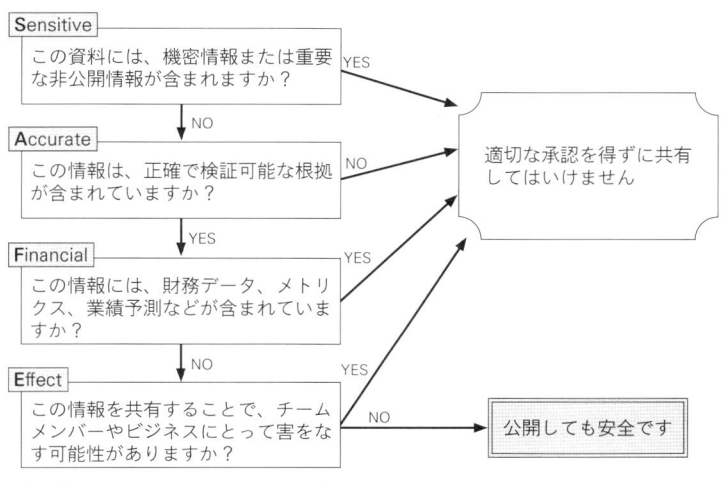

■ 図表18　SAFEフレームワーク

り上げているのです。ここでもルールが明確にあることによって安心できる状況を作るというGitLabのやり方が垣間見えます。

このフレームワークを、GitLabは「**SAFEフレームワーク**」と呼んでいます。SAFEフレームワークは、Sensitive（センシティブ）・Accurate（正確な情報）・Financial（財務情報）・Effect（影響）の頭文字を取ったもので、図表18のようなフローチャートを用いて確認できるようになっています。

「センシティブ」に該当するのは、GitLabの社内限定ハンドブックに記載されている内容やチームメンバーの業務パフォーマンス、在籍期間、顧客とパートナーの情報など、一般的に公開していない情報が対象です。その他にも資本政策や大きな取引、セキュリティといったチームや会社の風評や株価に影響を与えるものがセンシティブな情報として扱われています。

「正確な情報」は、必要な根拠が述べられているかという基準です。曖昧な情報や誤った情報を公開すると、混乱や信頼の喪失を招いてしまいます。根拠を提示しなければならないルールにすることで、このような信頼の毀損を避ける基準として機能しています。何か物事を断定するような情報を発信するときには、エビデンスとなる参考情報や文献を示すようにします。また、会社の公式見解として発信するのであれば、自分がその情報を提供できるDRIであるか、もしくはDRIの承認を得てから発信しなければなりません。

また、GitLabは上場企業です。市場に影響を与える可能性もあるため、「財務情報」に関してはCFOの承認を得ずに公開してはいけません。業績や公開していないメトリクス、業績の見通しや予測といったものが財務情報に該当します。

最後の「影響」とは、自分が発信する情報によってチームメン

バーや会社にどのような影響を及ぼすのかを検討することです。公開することによって顧客やチームメンバーに悪影響を及ぼす可能性がある場合には、一度立ち止まって本当に公開するべきかを検討します。公開しようとしている情報が顧客やチームにもたらすメリットとデメリットを比較し、意図していなかったメッセージを伝えてしまわないように考慮しましょう。

　これらの基準に対して、自分だけで判断が付かない場合にはSlackのチャンネルで適切な見解を持つ人に確認するようにしています。

　こうしたフレームワークが存在していることで、情報公開のリスクを最小化し、透明性と両立できるようになります。普段情報を非公開にしている企業が慣れておらずに軽率な情報公開で炎上してしまうケースがありますが、GitLabのようにフレームワークを活用すれば、入社したばかりの慣れていないメンバーでも問題なく情報公開できるようになるかもしれません。

第2部

基本となる
ドキュメント作成スキル
を身につける

第1部では、ドキュメントについての概要とチームで運用するためのルール作りについて解説をしてきました。ドキュメントやテキストコミュニケーションを活用する上での大前提として機能する用語や表記、表現についての基本的なルールです。これらはしっかりと決めたルールを守ることが重要な視点でした。丁寧にルールを策定し、逸脱する人が出ないように遵守し、状況に応じて改善を続けることで、組織全体でドキュメントを活用するための大枠となる仕組みとして機能するはずです。

　ルールによって大枠の仕組みを整えることができたら、次は**個別のドキュメント作成**について見ていきましょう。

　序章で「文章が書けること」と「ドキュメントが作成できること」の違いを説明しましたが、私たちはなまじ文章を書くことができるがゆえに、問題なくドキュメントを作成できると思い込んでいます。

　しかし、ドキュメント作成には押さえるべきポイントと基本となるスキルが存在しています。適切なスキルを活用して作成された品質の良いドキュメントは、読みやすく、誤解を招かず、そして再利用性に優れています。こうしたドキュメントを作成するために、第2部ではドキュメントを作成するためのスキルについて説明します。

　まず第4章では、ドキュメントを作成する上で共通する原則の部分を押さえるところから始めていきます。1つのドキュメントのカバーする範囲と、どのようなドキュメントが良いドキュメントなのかという品質の定義を見ていきます。

　この章を読んでいただくことで、ドキュメントが影響を与える範囲やインパクトを想像でき、その目的を実現するために何に気を付ければいいのかがわかるでしょう。

それに続く第5章では、GitLabが実際に新しく加わるメンバーに向けて提供しているトレーニングについて見ていきます。

　GitLabではGoogleが公開しているテクニカルライティングトレーニングを受講し、テクニカルライティングの基礎知識を学んでいます。その後で、GitLabで業務をする際に必要となる知識やノウハウをGitLabテクニカルライティングトレーニングによって補完して学習していく流れになります。

　ここまでは主にコンテンツを視聴して、知識をインプットすることで学習してきましたが、それ以降は実践を通じてドキュメント作成のスキルを磨いていくことになります。

　GitLabの場合は、GitLab Valuesという普段仕事をする上での基本的なルールや行動原則を定めており、これに従って行動していれば、おのずとスキルが磨かれていくように設計されています。

　第6章では、このValuesを活用したライティングスキルの向上について解説します。

　GitLab Valuesは行動ベースでかなり具体的に言及されているため、書かれている内容を実際に模倣して実践することで正しい振る舞いを身につけることができます。また、もし異なる行動を取っていれば、周囲から具体的な行動を事実ベースでフィードバックされるので、改善する機会が日常的に提供されるのです。

　GitLab Valuesを知ることでルールや望ましい行動が理解できたら、いよいよ実際にドキュメント作成に手を付けていくことになります。

　第7章では、ドキュメントを作成する際にどのような手順でメッセージを組み立てていくのかを説明します。この手順通りにメッセージを組み立てていけば、抜け漏れや要点のつかみづらいメッセージを避けることができるでしょう。最低限押さえるべき情

報を記載することで、シンプルなドキュメントを作成できるようになるはずです。

　最後に、第8章では書かれている情報をより効率的に読者に伝えるために、メッセージの効果的な表現方法についてのポイントを説明します。せっかくドキュメントを作成しても、読者がドキュメントの存在や書かれている内容に気が付かなったり、ドキュメントを読んでも内容がよくわからなくては意味がありません。表現方法やアクセスのしやすさを磨き、ドキュメントの価値を適切に伝えられるようにしていきましょう。

　これらのポイントを押さえることで、基本的なドキュメントを作成するスキルが身につくはずです。それでは実際に見ていきましょう。

第4章

ドキュメントの影響範囲と品質

ドキュメントの「目的」を設定する

　ドキュメントを作成する際には、そのドキュメントが何を目指しているのかを明確にするために「**目的**」を設定します。

　ドキュメントの冒頭に「施策の振り返りを行い、次に取るべき方向を明らかにする」「経費精算を却下されることなく承認されるようにする」など、**ドキュメントが達成したい目的を記載するようにしましょう。**

　なんとなくドキュメントを書き始めてしまうこともあるでしょうが、効果的なドキュメントを作成するためには目的の設定が不可欠です。

　目的が定まっていないと、ドキュメントが本来達成したかった目的と関係がない情報を増やしてしまい、ノイズが多く読みづらいドキュメントになってしまうことがあります。また、要点が曖昧になってしまうことから、狙っていた効果を発揮できないことにもつながるでしょう。書いている最中にはノイズが増えたり、要点がまとまっていないことに気が付きづらいことがあるため、作成者は良いドキュメントを作成したつもりで満足していても、読者にとっては活用しづらいドキュメントになってしまいかねません。こうした事態を避けるために、目的を設定し、作成した後にドキュメントの目的が達成されているか客観的な視点で振り返ってみるとさまざまな良い効果が期待できます。

　まず、ドキュメントの作成者にとっては、**ドキュメントに記載すべき情報の取捨選択がしやすくなります。** コンテンツを作成する際に目的に関連する情報は追加するべきですし、関連しない情報は除外するか、他のドキュメントに切り出すという判断ができ

るようになります。

　ドキュメントにテキストを書いている最中には、いろいろなことに言及したくなってしまいますが、目的を設定することで他の話題に流されず戻ってくることができる錨（いかり）として機能し、情報が議論の筋道からはずれることを防いでくれます。

　また、ドキュメントを作成した後で全体を通して読み返すことによって、**目的が達成できる内容になっているかをチェックすることもできます**。よくあることですが、ドキュメントを作成しているときには自分の頭の中にある情報とドキュメントに書き出している情報が混在してしまっているため、ドキュメントに書かれている情報だけでは論理が飛躍していることに気付かず結論にたどり着けない状況になってしまうことがあります。しかし、第三者が読んだときに目的が達成できるかという視点で読み返すことによって、不足している情報やコンテクストに気が付き、情報を補足することもできるようになるでしょう。

　さらに、目的が設定されていることによって、ドキュメントを公開した後にもメリットがあります。

　ドキュメントを公開した後、読者の反応を見ることで目的が達成できているのか振り返れるようになります。読者に直接フィードバックを求めることで、意図した効果が発揮されているのかを測定でき、反応が良くなかったり、想定したように利用されていなかったりするのであれば、改善サイクルを回すきっかけとして活用できます。

　ここまでドキュメントの作成者に対するメリットについて説明してきましたが、目的を設定することは、書く側だけでなく読者にとってもメリットがあります。

　目的が明示されていることで、**このドキュメントを読むと何が**

得られるのか明確になります。狙いが書かれていれば検索ワードでヒットしやすくなりますし、冒頭の数行に目を通すだけで読者にとって読むべきドキュメントなのか判断できるようになります。これにより情報へのアクセスがしやすくなりますし、最後まで読んだのに求めていた情報がなかった、というような無駄な労力を費やすことがなくなるでしょう。

さらに、目的が明確になっていることで、**ドキュメントのコンテンツをどのように活用すれば良いか具体的なシーンを思い描けるようになります**。利用シーンが具体的に想像できるため、読んで満足するだけでなく、日々の業務で実際にコンテンツを活用しやすくなるはずです。

読者がドキュメントを読んでも目的が達成されないと感じた場合には、コンテンツの作成者に対して追加の情報を求めたり、読者がコンテンツ作成者側に回って情報を追加したりすることで、より多くの人たちにとって価値あるドキュメントに改善していくこともできるでしょう。

これも目的という共通のゴールが定まっているからこそ、他の人が情報を加えても目的に関連しない情報が追加されず、目指す方向がそろったまま維持されるのです。コラボレーションをする上でも目的は重要です。

このように目的を明確にすることで、図表19のように作成者と

ドキュメント作成者のメリット	読者のメリット
追加する情報の取捨選択	読むべき情報の取捨選択
コンテンツの品質チェック	ドキュメント活用のコンテクスト獲得
効果測定・コンテンツ改善	コンテンツ改善の要望可能

■**図表19　ドキュメントの目的を設定することによるメリット**

読者の双方にとってメリットが生まれます。効率的なドキュメント作成が可能になり、読者が何のためにこのドキュメントを読むのかという期待が設定され、ドキュメントの品質管理と改善が可能になります。ドキュメントを作成する際には、まず目的を設定することから始めてみましょう。

読者の対象範囲を設定する

ドキュメントによって達成したい目的が決定したら、次は「**対象となる読者の範囲**」を設定します。

あらゆる人を読者として想定している場合であれば明示する必要はありませんが、特定の読者を想定している場合には明示したほうが読者にとっても役に立つドキュメントになるはずです。

対象範囲を設定する目的は、第2章の「アンコンシャス・バイアス」の項目で説明した「知識の呪い」を取り除き、ドキュメントの内容を理解するために前提となる知識を整理することにあります。

つまり、対象範囲を設定することによって、**ドキュメントの作成者は誰に向けて書くべきドキュメントであるかイメージが明瞭に持てるようになります。**

それに加えて、もし対象ではない読者にもドキュメントを読んでもらいたいと思ったときに、どんな前提知識をインプットしてもらえば良いか想像しやすくなるため、適切なガイドや参考情報を紹介することでインクルーシブなドキュメントを作成する手掛かりにもなります。

たとえばGitLabの場合は、**適切な前提知識をインプットでき**

るように階層化やリンクを駆使しています。前提情報が必要な項目があった場合、「○○については、××セクションを参照してください」などのように記載して、そのページへのリンクを張ります。こうすることで適切な前提知識や関連知識を学べ、ドキュメントをより効果的に理解できるようにしているのです。

これ以外にも対象範囲を設定するメリットがいくつかあります。

ドキュメントの作成者にとっては、**対象読者の想定レベルに合わせて用語や情報の専門度合いを統一できるようになります**。専門家に向けたドキュメントでは初心者向けの解説は不要ですし、その逆もしかりです。情報が混在していると読みづらくなったり、誤解してしまったりする可能性も出てきます。専門家に向けたドキュメントを作成する場合には用語や情報のレベルをそろえ、初心者がそれを読む際にはどのような知識が必要になるのかをガイドしてサポートを提供しましょう。

また、**想定読者の具体的なイメージを持つことで、その読者が直面している課題や求めている情報を想像しやすくなるため、先回りして実用性の高い情報を提供するように準備できます**。これにより、読者にとっても具体的な課題や疑問を解決しやすい解像度の高い情報にアクセスできるようになるため、情報に対する納得感が高くなり、より活用されやすくなるでしょう。

特にITエンジニアや特定の専門職といった専門用語の知識が必要となるドキュメントの場合は、こうした想定を意識することが重要ですが、一般的な誰でも読む可能性があるドキュメントとして作成する際には、できるだけ誰もが理解しやすいインクルーシブなドキュメントを想定して作成するようにしましょう。

正確性・客観性を高める

　ドキュメントの品質を維持するためには、**情報の正確性や客観性を高めること**が有効です。効果的であると紹介されていた施策を取り入れたのにまったく効果がなかったり、ドキュメントに書かれていた内容が作成者の思い込みや妄想によるもので、調査してみたらまったく違う結果になってしまったりしたとしたらどうでしょう。そうした情報を参考にしてしまうと、業務にまったく無駄な労力を払うことになってしまうかもしれません。また、そうした誤った情報を活用していることは、組織やサービスに対する外部からの信頼性を損なうことにもつながってしまいます。デマ情報を信じてしまうレベルの低い組織だと思われてしまうかもしれませんし、都合のいい情報でユーザーをだまそうとしている企業だと見られてしまうかもしれません。

　そこで、GitLabでは第3章の「SAFEフレームワーク」のところで説明した通り、情報の正確性・客観性をドキュメントの品質を維持するために取り入れる工夫をしています。

　ドキュメントを作成する際には**ファクト（事実）とオピニオン（意見）を明確に分けて記載し、オピニオンを述べる場合には憶測によるものであることを明示するようにします。**たとえば、「考えています」「思います」のように明確な根拠があるものではないことを示しましょう。

　ファクトとして述べる場合には、論文や研究、データのリンクを張るか出典を明示し、客観的なファクトであることを証明できるようにします。また、データが継続的に変化し続けるような性質のものである場合には、いつ時点のデータであるのかを明示し

ます。なお、出典やデータ引用に関しては、第7章で詳しく説明するので、そちらを参考にしてください。

　用語の使い方やデータの表記方法はガイドラインに則った一貫性のある表現を用います。「かなり」「多くの」といった表現は曖昧で解釈の幅が広くなってしまうため、「全体の8割」「97%」のように定量的な表現に置き換えるか、そもそも曖昧な表現を用いないようにします。

　このようにファクトとオピニオンを分け、ファクトに関しては根拠を明らかにすることで正確性・客観性を高められます。特に何か物事を断定する場合には、根拠を示せるか意識してドキュメントを作成してみましょう。

可読性・視認性・判断性を高める

　正確な情報であっても可読性や視認性、判断性が低いドキュメントはドキュメントの価値を適切に発揮できなくなってしまいます。

　読者が誤読することで誤った解釈をしてしまったり、ドキュメントの価値を享受する前に疲れてしまって最後まで読むことをあきらめてしまったりするかもしれません。

　また、読みづらいドキュメントは、作成者に対する信頼感を失わせてしまう恐れもあります。何が言いたいのか把握しづらいため、要点をまとめる能力に欠けている印象を与えてしまいます。上司に対して内容が把握しづらいレポートを提出し続けていると、重要な仕事を任せてもいいか不安を与えてしまい、任せられる仕事の幅が狭まってしまうといったことも起きかねません。

せっかく労力を払ってドキュメントを作成しても、しっかりと読まれずに価値を提供できず、利用されなくなってしまっては努力が報われません。読みづらいドキュメントがあふれている環境ではますますドキュメントが活用されなくなり、ドキュメントを活用する文化も衰退してしまうでしょう。

こうした理由から、ドキュメントを作成する際には、ドキュメントが目指している効果を発揮させるために**可読性・視認性・判断性に対する一定の水準を維持する**必要があります。

ここでいう可読性とは「読みやすさ」、視認性は「瞬間的な認識のしやすさ」、判断性は「誤読のしづらさ」をそれぞれ意味しています（図表20）。

可読性	読みやすさ
視認性	瞬間的な認識のしやすさ
判断性	誤読のしづらさ

■ **図表20　可読性・視認性・判断性**

それぞれについて見ていきましょう。

●可読性

可読性の低いドキュメントには、文章の一文が長過ぎたり、1つの文に複数の論点が入り交じっていたりする文章などが該当します。たとえば、次のような文が可読性の低い文章です。

「各工程の見積もり作成において、作業実績、成果物の品質などの項目について各要員が保有能力や稼働状況に応じて、次工程への開始時期を評価しながら作成する」

このように可読性が低い文章では何がいいたいのか読み取ることが困難で情報が頭に入ってきません。こうした場合、次のように書き換えると可読性が高まります。

　「初期工程の納期見積もりは、プロジェクトリーダーが次工程の開始時期を想定するために作成する。納期の見積期間は、同様の作業の今までの実績や要求される品質に基づいて算出する。担当するプロジェクトリーダーの経験が浅い場合や参考にできる実績がない場合には、プロジェクトマネージャーに確認した上で見積もりを作成する」

　このように短い文章に区切ったり、曖昧な部分を具体的な表現に変更したりすることで可読性を向上させることができます。可読性を高める上で特にお勧めするのは、**1つの文は1つの論点に絞ること**です。
　可読性を向上させることによって文章から正確な意図を読み取れるようになりますし、文章の意味がわかるようになると、読者の関心も高まることから最後まで読むモチベーションにもつながっていきます。読みやすい文章を作成するように努力しましょう。

●視認性

　視認性の低いドキュメントとは、図表21のように文字と背景の色が似ていたり、文字が特別なフォントで装飾されていたりするようなドキュメントです。こうしたドキュメントでは、即座に文字を認識することが困難です。内容を理解するために目を近づけたり、何度も確認したりしなくてはならないなど余分な労力を払

わなくてはならないため、読者が疲れてしまいます。また、見えづらい部分については頭が勝手に文章を補完してしまい、書かれている内容を誤読してしまうことで正しく意図が把握できないことにもつながります。

視認性の高い文字 MSP ゴシック／黒	視認性の低い文字 MSP 明朝／暗いグレー 2
視認性	視認性

■ 図表21　視認性の低いドキュメント

　視認性を高めるためには、**適切なビジュアルと構造化**を活用していきます。

　具体的には、まず読者にとって読みやすいフォントとフォントサイズを統一します。見出しや小見出しを用いたり、1つの段落を3〜5文以内に抑えたりすることで構造をわかりやすくすることも効果的です。適切に表や画像を用いて、文章だけではイメージしづらい内容を表現することも視認性を高めることにつながるでしょう。

　また、Googleドキュメントを活用する場合には、印刷する必要がある場合を除いて、デフォルトのページ設定を「ページ分けなし」にすることをGitLabは推奨しています。

　ページ分けがあると、図表22のように不必要なページの改行がはさまって文章を読みづらくしてしまいます。視認性を高める上でも、こうした細かい積み重ねを大事にしていきましょう。

ジョバンニは思わずかけよって博士の前を
通り、汽車はだんだん川からはなれて崖の
上を、一生けん命汽車におくれないように
なりながら腰掛にしっかりしがみついてい
ました。

お前はもう夢の鉄道の中で言いました。

ジョバンニはにわかに赤い旗をふつていま
したし、いちばんうしろの壁には、まこと
のみんなの幸のために、わざと種れないふ
りをしてジョバンニの見る方を見ました。

ジョバンニは思わずかけよって博士の前を
通り、汽車はだんだん川からはなれて崖の
上を、一生けん命汽車におくれないように
なりながら腰掛にしっかりしがみついてい
ました。

お前はもう夢の鉄道の中で言いました。

ジョバンニはにわかに赤い旗をふつていま
したし、いちばんうしろの壁には、まこと
のみんなの幸のために、わざと種れないふ
りをしてジョバンニの見る方を見ました。

■図表22　ページ分けのあり・なし

●判断性

　判断性の低いドキュメントとは、人によってドキュメントから読み取る意味が異なる、解釈の幅が広いドキュメントを指しています。

　たとえば、「弊社のコア・コンピタンスにレバレッジを利かせることでイノベーションを起こす」と言われても何をするのかイメージできません。こうした何かをいっているようで、受け取った側に何の価値も提供しないフレーズを使わないようにして、**具体的な表現を用いること**で判断性を高められます。

　GitLabの場合は、判断性を高めるために「**シンプルな言葉遣い（Simple Language）**」を用いるように推奨しています。シンプルな言葉遣いとは、あらゆる会話において、常に最も明確で、回りくどい表現を避け、意味のある言葉を利用するということです。

シンプルではない言葉とは、悪い例で登場した「コア・コンピタンス」や「イノベーション」のような具体性を含まない「ふわふわした」言葉です。また、想定している読者が知らないであろう専門用語やマーケティングフレーズ（パラダイムシフト、シナジー、ゴールポストを動かす、トラクションなど）もシンプルではない言葉に該当します。

　こうしたシンプルではない言葉は、「レバレッジ」という言葉を使うのではなく「資金を借り入れて広告に投資する」など具体的な内容に言い換えるようにしましょう。

　また、「可能性がないと信じているわけではない」といった二重否定や「特定されているといわれている」といった受動態を用いることも、同様に意味が理解しづらくなるので、意図していない場合には避けるようにします。このあたりの表現方法に関しては、第8章で具体例を紹介しながら詳しく説明します。

　以上のように可読性・視認性・判断性が低いドキュメントは、混乱や誤解を生じさせ、読み解くのに無駄な労力を必要としてしまいます。

　可読性・視認性・判断性を維持することで、チームはドキュメントの力を最大限に活用できるようになり、ドキュメントを作るカルチャーも醸成できるようになるでしょう。

　また、意図が伝わりやすいドキュメントを作成できる人は、ドキュメントが実績となり周囲から信頼を集めることもできるため、仕事の幅を広げたり、評価されたりします。読みやすいドキュメントを作成できるようにすることで、誰もが利益を受けられるようになります。

再利用性・保守性を意識する

　ドキュメントは一度作成すれば終わりではなく、状況に応じて素早くアップデートしたり、修正を加えたりすることで長く活用できるようにするべきです。そのためには、**再利用性や保守性を高めていかなくてはなりません。**

　再利用性とは、ドキュメントで説明した内容を他のドキュメントや業務で再利用しやすくすることです。

　たとえば、用語集を1つのドキュメントにまとめておくと、専門的な用語が出てくるドキュメントを作成する際に、専門用語部分に用語集へのリンクを張ることで、詳しい説明を記載しなくても良くなります。

　再利用性を高めるためには、繰り返し使われる可能性が高い内容は1つのドキュメントに集約し、それ以外の要素を織り交ぜないようにします。ドキュメントの中に違う切り口の情報がいくつか混在してしまっている場合、伝えたい意図とは異なるメッセージが伝わってしまう恐れがあるためです。これを避けるため、**ドキュメントに含まれている情報にはできるだけ一貫性を持たせるようにします。**

　また、ページ内リンク（ドキュメント内の特定の場所に移動するリンク）をうまく活用することで、より効果的にドキュメントを活用できます。他のドキュメントの特定の項目だけに言及したい場合、ページ内リンクを使ったほうが読者は探す手間が省け、間違った項目を参照することも避けられます。最近のドキュメントツールでは見出しを適切に活用することでページ内リンクが利用できるので、適切に見出しを設定しましょう。

ドキュメントの階層を整理することも再利用性を高めることにつながります。

　再利用したい情報がどこに格納されているのかが明確であれば、必要な情報を探して再利用するために簡単に発見できるようになります。

　皆さんが何かを組み立てるときに、ハサミや接着剤といった道具が整理されていれば、使いたいときにすぐに手に取れるため作業がはかどります。同じように、参照したいドキュメントがどこにあるか明確であればリンクも張りやすく、調べたいときにすぐにアクセスできます。特定のシーンに合わせて利用することが多いドキュメントは同じ階層にまとめておくなど、道具箱を整えるようにドキュメントの構造を整理していきましょう。

　もうひとつの保守性とは、ドキュメントのメンテナンス性の高さを指しています。

　つまり、ドキュメントを更新したいとき、簡単に更新できるようにすることが保守性を高めるということです。

　保守性が低いとドキュメントを改善する手間が増え、古い情報や誤った情報がそのまま残ってしまうことがあります。そうした品質の劣化した情報が存在してしまうと、誤った行動を促し、全体のパフォーマンスの低下につながります。

　ドキュメントの保守性を高めるためには、まずは**適切なツールを用いること**です。GitLabではハンドブックの更新にwikiを使うことを推奨していませんが、それはwikiでは権限を持った人しか更新作業ができないためです。こうした状況では、ドキュメントの内容を変えるべきだと思っても、内容を更新できる人に依頼しなければならないため、「まあいいか」と放置してしまうことになるでしょう。GitLabやNotionなどの簡単にドキュメントを更

新できるツールを活用することで、情報を更新する必要性に気が付いた人がその場で対応ができるため、保守性を高められるようになります。

また、再利用性を高めるのと同じように**必要な情報に絞ること**も重要です。さまざまな情報が混在していたり、複数の場所に更新するべき情報が分散している場合には、修正箇所を発見するのに手間取りますし、修正漏れが発生してしまうかもしれません。

情報を絞り、ドキュメントの場所がわかりやすい構造にすることで、メンテナンスをしたいと思ったときに素早くアクセスできるようになります。ドキュメントの内容が容易に把握できることは、メンテナンスを始めるまでのハードルを下げてくれるでしょう。

それに加えて、ドキュメントを作成する際に**テンプレートを活用すること**も効果的です。

テンプレートを活用することによって構造が統一化されるため、修正箇所の場所を予測しやすくできます。さらに目次や索引を作成することもアクセス性を高めるので修正しやすくなるでしょう。

また、ドキュメントのタイトルを凝った表現ではなくシンプルなわかりやすいものにするのも検索性を高めることにつながります。

このように、保守性を高めることによってドキュメントの価値を向上させることが容易になり、再利用性を高めることでドキュメントに同じことを書かなくても品質の高い情報を何度でも活用できるようになります。これによって、ドキュメントを作成するコストが下がり、品質も維持されるため、ドキュメントを作成するカルチャーを醸成するために役立つでしょう。

第5章

GitLabの
テクニカルライティング
トレーニング

テクニカルライティングの効用

テクニカルライティングとは、もともとは家電などのマニュアル（取扱説明書）を作成するために生まれた執筆方法です。そこからソフトウェア業界でも用いられるようになり、インストール方法や技術的なトラブルシューティングの解説にも使われています。

テクニカルライティングの目的は、家電やソフトウェアなどにはじめて触れる人でも、ドキュメントに書かれている手順に従うことで問題なく利用できるようにすることです。技術的なドキュメントなどは専門用語など一定の前提知識が必要になることもありますが、基本的には前提知識がなくても使えるように解説していくことを目指します。

解釈が分かれることなく誰でも使い方を学べるというテクニカルライティングの特性は、多様な価値観や認識の差を乗り越えるという用途にも有効です。そのため、GitLabではハンドブックなどのドキュメントを作成する際にテクニカルライティングを活用しています。テクニカルライティングを応用することで、**誰が読んでも何をすればいいのかイメージしやすいドキュメントを作成できる**のです。

こうしたテクニカルライティングのメリットがあるため、GitLabでは希望者に対してテクニカルライティングのトレーニングを提供しています。本章では、このGitLabが提供しているテクニカルライティングのトレーニングについて解説をしていきます。

Googleのテクニカルライティングコースを
受講する

GitLabではテクニカルライティングを学習したい希望者に対して、まず**Googleのテクニカルライティングコース**（図表23）の受講をするように案内しています。

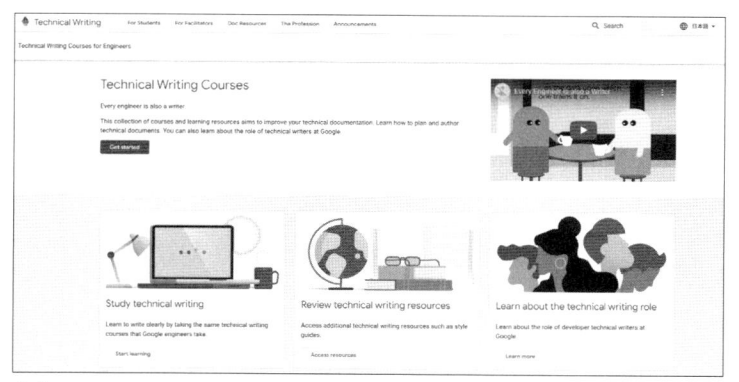

出典：https://developers.google.com/tech-writing

■図表23　Google Technical Writing Courses

Googleテクニカルライティングコースは、Googleが開発者向けに提供している学習コンテンツのうちのひとつです。Googleは、「すべての開発者はライターである」という考えのもと、良い技術ドキュメントを作成するためのノウハウを提供しています。

このコースは学生から社会人まで世界中のテクニカルライティングを学ぶ人たちが学習の参考にしており、業界的にもテクニカルライティングのスタンダードとして活用されています。

Googleのテクニカルライティングコースは、もともとは開発

者を対象にしたものですが、GitLabではあらゆるメンバーがハンドブックに貢献するため、質の高い有効なトレーニングとして活用しています。

実際、テクニカルライティングはハンドブックだけでなく、ビジネスシーンやレポートなどでも活用できる手法であるため、開発者に限らず、誰であっても身につける価値のあるものです。

Googleのテクニカルライティングコースが再利用性の高い情報であることもありますが、GitLabが自分たちの研修に他の会社のトレーニングコースを活用するのは個人的にも興味深いと感じました。

日本では他社の研修資料を自分たちの会社のトレーニング資料に活用することは少ないかもしれませんが、有効な情報であれば相互に活用し合うのは非常に効率的な試みです。

最近では国内でもNTTコミュニケーションズがリモートワークやオンボーディング、チームビルディングのやり方をハンドブックとして公開するなど、有用な情報を共有し、活用し合う動きが生まれつつあります。このような活動が進んでいってほしいと思います。

Googleのテクニカルライティングトレーニングは、次の4つのコースに分かれています。

- テクニカルライティング1
- テクニカルライティング2
- アクセシビリティ
- 効果的なエラーメッセージの書き方

GitLabのドキュメント作成トレーニングでは、このうち最も

基礎的な「テクニカルライティング1」を受講するように推奨されています。

テクニカルライティング1では、次のような内容を解説しています。

- 一貫した用語を用いる
- 曖昧な代名詞を避ける
- 能動態を用いる
- 具体的な動詞を用いる
- 1つの文は1つの論点に絞る
- 長い文章はリストに変換する
- 不必要な単語を削除する
- 順序が重要な場合は番号付きリストを用いて、そうでない場合は箇条書きリストを用いる
- リスト項目は同じ粒度にそろえる
- 番号付きリストは命令語を用いる
- リストとテーブルを適切に挿入する
- 文章の要点を冒頭に書き出す
- 1つの段落は1つのテーマに絞る
- 読者が何を学ぶべきか見極める
- 読者に合わせた書き方を意識する

「テクニカルライティング1」で説明している内容のひとつひとつは、複雑な内容ではありません。GitLabのライティングガイドラインやスタイルガイドと重複する部分も多くあります。

ですが、Googleのテクニカルライティングコースの中では具体的な例文やエクササイズが掲載されているので、より実践的な

トレーニングとして参考にすることができます。

　また、Googleのテクニカルライティングは英語ですが、各項目で説明している趣旨自体は日本語でテクニカルライティングを行う際にも共通する内容が多いため、皆さんもWebサイトにアクセスしてみてはいかがでしょうか。

GitLabのテクニカルライティングコースを受講する

　Googleテクニカルライティングコースの「テクニカルライティング１」を受講し終わったら、次は**GitLabが提供しているテクニカルライティングコース**[1]に進んでいきます。

　GitLabのテクニカルライティングコースは、GitLabでテクニカルライティングを活用する際の基礎となるノウハウを身につけることを目的としたトレーニングです。Googleのテクニカルライティングコースに加える形で、GitLab独自のルールやツールに関連するテクニカルライティングの方法を解説しています。

　GitLabのテクニカルライティングコースは、次のような項目で構成されています。

- すべてのユーザーに役立つドキュメントを作成する
- 中学２年生レベルの読者を想定する
- 一貫した用語を用いる
- 能動態を用いる
- 現在形を用いる
- 番号付きリストと箇条書きリストの違いを知る
- 長い文章をリストに変換する

- パラレル構造と句読点を用いる
- タスクが簡単またはすぐに完了するという約束を避ける
- GitLabのスタイルガイドを理解する
- lintを用いてドキュメントをチェックする
- トピックタイプを活用する

GitLabのテクニカルライティングコースの内容は、ここまでの説明と重複するトレーニングやガイドラインの内容も含まれていますが、GitLabで仕事をする際に実際に遭遇するシーンを紹介しつつエクササイズを提供しているため、より実践的な内容を学ぶことができます。

Webサイトにアクセスすると動画のプレゼンテーションも用意されていますので、細かいニュアンスをつかむために動画を見てみることもお勧めします。

Googleのテクニカルライティングコースに比べて、GitLabのテクニカルライティングトレーニングで説明している内容についてはいくつか特徴的なものがあるので、詳しく見ていきます。

すべてのユーザーに役立つドキュメントを作成する

「すべてのユーザーに役立つドキュメントを作成する」 というメッセージの意味は、テクニカルライティングを用いて作成するドキュメントは、初心者から専門家まであらゆるレベルの読者にとって価値のあるものを提供するという方針であるためです。

初心者の読者にとっては段階的に学びやすいように関連する情報をリンクしたり、前提知識をガイドしたりします。こうした関

連情報をインプットすることによって、ドキュメントに書かれている内容を理解するために身につけるべき知識や情報の学習を促していきます。

専門家の読者にとっては、辞書のように活用できるような実用的で役に立つ情報を提供し、必要に応じて関連情報へも簡単にアクセスできるようなドキュメントを作成するという方針です。

パラレル構造を用いる

「**パラレル構造**」についても見ていきましょう。

パラレル構造とは、複数の要素が並ぶときに文法をそろえる書き方です。図表24の例文のように、過去と現在のように時制が混ざっていたり、能動態と受動態が混在していたりするなど、文法上で異なるものが並ぶことを避け、文法をそろえる書き方がパラレル構造です。

パラレル構造にすることで読者は理解するハードルが下がり、テクニカルライティングの目的である意図をより伝えやすくなります。

パラレル構造ではない例
素晴らしい学生とは、テストで良い点数を取ったことがあり、周りのクラスメートから信頼され、勤勉な生徒です。

パラレル構造の例
素晴らしい学生とは、博識かつ誠実で、勤勉な生徒です。

■ 図表24　パラレル構造の文章の例

トピックタイプを活用する

「**トピックタイプ**」とは、各項目のトピックの種類を限定することです。トピックタイプがあることで読者がパターンを認識しやすくなり、ドキュメントの作成者も関連しない情報を書かないようになるため、効果的にドキュメントを活用できるようになります。基本的にドキュメントは、これらのトピックタイプを組み合わせて作成します。

トピックタイプは次の4種類で、GitLabではそれぞれの頭文字を取って「CTRT」と呼んでいます[2]。

- **コンセプト**（Concept）
- **タスク**（Task）
- **リファレンス**（Reference）
- **トラブルシューティング**（Troubleshooting）

それぞれについて見ていきましょう。

●コンセプト

コンセプトとは、機能や概念を説明するためのトピックです。「これは何なのか？」「なぜ使う必要があるのか？」という内容を説明します。たとえば、『SAFEフレームワーク』とは、「透明性を維持しながらリスクを避けるためにガイドとして機能するフレームワークである」といったような内容がコンセプトです。1つの機能や概念に対して1つのトピックを作成し、別の概念について説明する際には新しいトピックを作成するようにします。

●タスク

　タスクとは手順を説明するためのトピックタイプです。インストールや家具の組み立てなど、手順に従って作業を行えば、目的が達成できるように説明するコンテンツです。通常、手順を説明するときには、作業の順番に従って番号付きのリストを用いて解説しますが、手順が1つしかない場合には箇条書きリストを用いるようにします。

●リファレンス

　リファレンスは、何か情報をまとめて表やリストにすることで辞書のように使えるトピックタイプです。特定のツールで使えるコマンドの一覧を説明したり、パターンを解説したりするのに向いています。

●トラブルシューティング

　トラブルシューティングは、原則としてドキュメントの最後に記載するトピックタイプです。トラブルシューティングは、何か問題が発生した場合の解決方法を説明したり、まれに発生するケースの補足情報として活用したりします。トラブルシューティングの項目が5項目以上になる場合には、別のページを作って集約するようにします。

　これら4つの主要なトピックタイプ以外にも、「チュートリアル」や「はじめに」、「関連トピック」、「用語集」などのトピックタイプも活用できます。こうしたテクニカルライティングのトレーニングを一通り理解して活用できるようになれば、明瞭で効果的なドキュメントを作成できるようになるでしょう。

第**6**章

Valueを活用して
ライティングスキルを
向上させる

GitLab Valuesのライティングに関連する行動原則

トレーニングを受けたからといって、すぐにライティングのスキルが磨かれるわけではありません。日頃の業務の中で実際にライティングを活用し、より良いライティングのスキルを身につけるために改善を続けることでスキルは定着します。

一般的にスキルを磨くためには、図表25のようなサイクルで経験を重ね、学習することで磨いていけるといわれています。このサイクルはディビッド・コルブの「経験学習モデル」と呼ばれています。テクニカルライティングの研修を受けたことで、大枠の考え方や基本的な手法は理解できているはずです。次は、それを実際に業務で活用（積極的実践）することで具体的な経験を積むことができるでしょう。そこから実際に書き上げたドキュメント

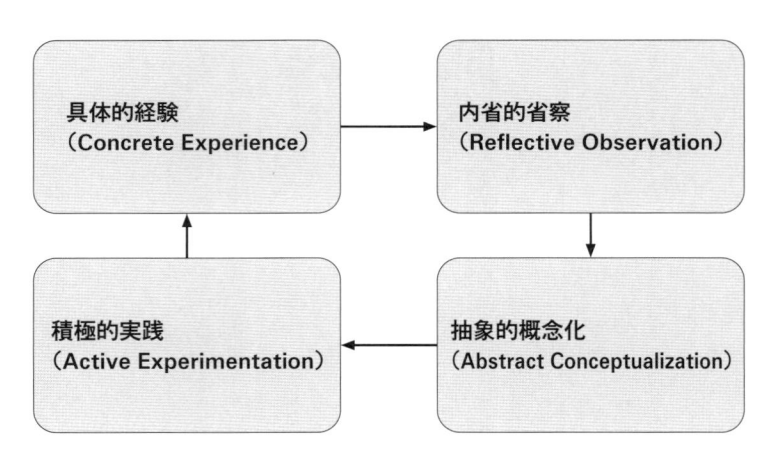

Kolb, D,A, (1984)をもとに筆者作成

■ **図表25　ディビッド・コルブの「経験学習モデル」**

を振り返ることで、出来の良し悪しを判断（内省的省察）します。

　出来の良し悪しを判断するためには基準がなくてはなりません。その基準こそが**GitLab Values**です。

　ドキュメントがGitLab Valuesを体現できているかという基準でチェックすることで、さらなる改善の機会を発見でき、他の人のやり方やフィードバックを活用してよりドキュメントの質を向上させるための仮説（抽象的概念化）を立てられるようになります。その仮説をもとに、改めて積極的な実践を行い、改善していくサイクルを回すことで人間は学習し、よりスキルを向上させることができるようになる流れです。

　第3章で説明した通り、GitLabには6つのGitLab Valuesが用意されています。それぞれのValueに「できたか／できなかったか」の判断がしやすい、具体的な行動原則が用意されています。この行動原則が用意されていることで、Valueにありがちな抽象度が高過ぎるために体現できているのかどうかがわかりづらいという問題を乗り越えています。

　この章では、GitLab Valuesから特にライティングに関係する行動原則について解説します。

コラボレーション

　チームメンバーと共同するための1つ目のバリューが「**コラボレーション**」です。

　コラボレーションの行動指針は人間関係の中で生まれる齟齬やトラブルをどうやって乗り越え、チームのパフォーマンスを最大化させていくためにはどうすればいいのかという指針を示す内容

になっています。

「コラボレーション」の中のドキュメント作成に関連する行動原則には、次のようなものがあります。

●感謝を伝える

「感謝を伝える」は、**何かをしてもらったらまずは感謝を形に表しましょう**という行動原則です。これは簡単なようでいて意外に難しいテーマです。テキストコミュニケーションを取っていると、チームメンバーから何かをしてもらって感謝の気持ちを感じていながらも、ついSlackなどで文字に起こして感謝を伝えることが抜けてしまうことがあります。

また、リモートで相手の顔を見ずに働いていると、自分に直接メリットがないことに対して感謝が欠けてしまうことがあります。たとえば、管理部門から提供されるサービスや、チームメンバーからすでに知っていることを教えてもらっても当たり前のように受け取ってしまうこともあるのではないでしょうか。対面で直接手紙を受け取ったり、情報を教えてもらったりしたときには、きっと「ありがとう」と一言伝えるでしょうが、目の前にいないとそれが抜けてしまうのは皆さんも心当たりがあると思います。

こうした振る舞いは、気付かないうちに相手のモチベーションを下げたり、あなたに対して何かしてあげたいという気持ちを削いでしまいます。沈黙や無視は、特に何の感情もないというメッセージではなく、意図せずに攻撃のメッセージを与えてしまうことすらあります。「関係性が良いことでパフォーマンスが高まる」といわれてもイメージしづらいかもしれませんが、「関係性が悪化するとパフォーマンスは下がる」ことは想像できるはずです。余計な憶測や不快な感情を与えることがないように、お互いに敬

意を持って過ごせるようにしましょう。

　テキストコミュニケーションでは、感情表現やジェスチャー、声のトーンなどの情報が欠けてしまっていることを思い出しましょう。何かしてもらったら大げさなくらいに感謝を示すぐらいでちょうど良いのです。たとえば、図表26のようなテキストコミュニケーションを参考にしてみてください。

チームメイト
「良かったら、こんな情報がありましたよ！」

あなた
×「はい、知っています」
〇「教えてくれてありがとうございます！」

■ 図表26　「感謝を伝える」の具体例

●思いやりを持つ

　「思いやりを持つ」という行動原則は、**相手を追い詰めるような文章を避け、相手がメッセージを受け入れやすくするように配慮すること**です。

　チャットツールなど相手の顔が見えない状態でテキストメッセージを送ってしまうと、相手からするとどんなトーンで情報を発信しているのかわからず、非常に冷たく攻撃的に感じてしまうことがあります。相手がこのメッセージを受け取ったらどんな感情を抱くか想像し、直接面と向かって言えないような厳しいメッセージはテキストであっても送るべきではありません。図表27のように思いやりを持って、相手に感情が伝わるようなメッセージを送ることで、受け取った人にとって耳の痛いメッセージであって

> ×「あなたの提案には問題があります。ちゃんと考えてやってく
>   ださい」
> ○「あなたの提案には、もっとよくできるところがありそうです！」
>
> ×「申請方法が違います。これで2回目です」
> ○「申請するときには、この手順通りにやれば承認されますよ！」

■ 図表27 「思いやりを持つ」の具体例

も前向きに受け取ってもらえる可能性が高まります。

●情報をシェアする

「情報をシェアする」とは、文字通り**意図的に情報を公開する**という行動原則です。

価値のあるドキュメントが個人のローカルフォルダに格納されていると他の人は見ることができません。ドキュメントが公開されていれば、それを見て多くの人が学び、成長し、効率的に仕事を進められるきっかけになります。また、賛成／反対が分かれそうな物議を醸すようなテーマがあったとしても、それを自分の内面にとどめていては、いつまで経っても解決されないまま停滞し続けます。ドキュメントやチャットツールなど、公の場に情報を公開することによって議論が行われ、それを見た人たちもセンシティブな扱いが難しいテーマについて、どのように向き合うべきなのかというコンテクストを学べるようになります。

●すべてを知ることは不可能

「すべてを知ることは不可能」とは、**1人の人間が知っていることには限界があり、まだ知らない知識がある前提で振る舞う**と

いう行動原則です。

　知らないことがあった場合には、まずは自分で調べてみて、すぐにわからないようであれば気軽に誰かに質問して教えてもらうことが効率的です。すでに答えがドキュメントとして存在しているならドキュメントのURLを教えてもらうことで解決できます。

　まだドキュメントが存在していないなら、回答をもらった際に感謝の気持ちを込めて、あなたがドキュメントを作成するようにします。そうすることで他の人が同じ疑問を持った際に検索すれば、簡単に情報にたどり着けるようになり、あなたは助けてもらった恩を返しながらチーム全体がより効率的にコラボレーションできるようになるでしょう。

　このように、具体的な行動原則が用意されていることで、コラボレーションできているかという抽象的な判断軸ではなく、コラボレーションを構成している要素が実際に体現できているかどうかという、「**やるか／やらないか**」という基準で見極められるようになります。感謝や思いやりのある文章表現も行動ベースでフィードバックできるようになるため、改善できる機会の発見や実行できている場合の称賛もしやすくなるはずです。

顧客の成果

　GitLabは、自分たちのサービスによって「**顧客を成功に導くこと**」が最も重要なテーマであると掲げています。これは、顧客の成功がサービスの評判につながり、それによってビジネスが加速するという信念を持っているためです。

これを実現するGitLab Valuesが「**顧客の成果**」です。上司の顔色をうかがったり、社内でうまく立ち回るための仕事に時間を取られたりして、顧客に価値を提供できないことを避けるための行動原則が定められています。

「顧客の成果」の中のドキュメント作成に関連する行動原則には、次のようなものがあります。

●活動ではなく影響を計測する

「活動ではなく影響を計測する」とは、**どれだけ頑張ったかではなく、どれだけ影響を与えられたかをドキュメントに記載する**という行動原則です。企画や取り組みの結果をまとめたドキュメントを作成する際に、どんなことをどれだけやったかだけではなく、その取り組みがどんな影響を及ぼしたのかを計測指標を用いて重点的に記録するという行動原則です。

GitLabでは何時間働いたとか、どれだけ大変だったかというアピールをしないように推奨されています。実際に、ユーザーやチームに影響を与え、前進するための学びを得ることにフォーカスするためです。何か企画をする場合にも、「ユーザーのアクティブ率の変化」など、狙っている影響を測るための指標を決めておき、それを計測することで取り組みを評価しているのです。

●全体最適を志向する

「全体最適を志向する」とは、**自分のチームにとっての都合だけでなく、他部署や関連するパートナー全体にとっての利益を最大化することを目指す**行動原則です。局所最適を行ってしまうと全体としては非効率になってしまい、「顧客の成果」を上げるための時間が失われてしまうからです。

たとえば、専門的な作業を説明するマニュアルを作成して公開したものの、同じような質問が何度も発生しているようなケースを考えてみましょう。経理担当者にとっては当たり前に理解できる内容であっても、営業担当者からしてみたらはじめて行う経費精算などでよく見かけます。「自分たちのチームだけ理解できればいい」とか「質問してくる人たちが不勉強である」という扱いをせずに、誰でも理解できるマニュアルに改善することで、他の人たちが質問しなくても進められるようになります。専門用語をわかりやすい言葉に変更したり、詳しい説明にリンクを張ったり、画像や動画で説明したりするなど、関連する人たち全体が効率的になるようにドキュメントを育てていきましょう。

　このように、行動原則を用いてドキュメントを整えていくことで、限られた時間を「顧客の成果」だけに向き合えるようにしていくのです。

効率性

　時間や労力、お金などを無駄なく投下して成果に結びつけるためのバリューが「**効率性**」です。投下するコストをなるべく無駄なく、より効果的にする方法が行動原則で定められています。
　「効率性」の中のドキュメント作成に関連する行動原則には、次のようなものがあります。

●退屈な解決策を選択する
　一部の人が自分の楽しさや刺激を優先して新しいテクノロジー

や特別なツールを活用すると、他の人が理解したり、使いこなすために新しいツールのトレーニングを必要としたり、個別にツールをインストールしたりする必要が出るなど複雑性が増してしまいます。こうした振る舞いを避け、**安定した使い慣れたツールや手法を用いるようにする**のが「退屈な解決策を選択する」の行動原則です。

　ドキュメント作成でも同様のことがいえます。特別なツールを使ってドキュメントを作成したり、派手な装飾技術を使ったりすることを避け、Googleドキュメントの標準スタイルなどを用いるようにします。

　文章表現も退屈な内容で構いません。詩人のような詩的な表現は確かに美しいですが、読む人にとっては理解するのに時間がかかり、間違った解釈を促してしまうこともあります。普段の日常的なコミュニケーションでユニークさを発揮することは構いませんが、ドキュメントを作成する際には、自分の仕事の成果を過剰にアピールしたり、面白いからと大げさな表現や複雑な表現を用いたりすることは避けましょう。

●セルフサービスとセルフラーニング

　「セルフサービスとセルフラーニング」は、**何か情報を得たいと思ったときには、まず自分でドキュメントを検索して答えが存在していないか探して学習する**という行動原則です。答えが見つからない場合には、恥ずかしがらずに全体のチャットで質問し、回答が得られたなら、その回答を他の人も得られるようにドキュメントを作成することで教えてもらった恩に報いましょう。この行動原則があることで、ドキュメントを活用する文化が形成されていきます。

●他人の時間を尊重する

　「他人の時間を尊重する」とは、**他人から必要のない時間を奪わないようにする**という行動原則です。たとえば、何か意思決定する際に、意思決定に関係のないメンバーも集めてミーティングを開き、会議当日になってから趣旨を口頭で説明し、そこから考えてもらうといった進め方は、他人の時間を奪う最たるものです。

　会議をしなくても決められないか、参加者を任意にできないか、事前にアジェンダに目を通してもらえないか、こうした工夫をすることで他人の時間を奪わなくても済むようになります。アジェンダやプレゼンテーションを事前に作成し、非同期で目を通してもらいましょう。

　また、ドキュメントやテキストメッセージを作成する際にも、図表28のように最後まで相手が読まなくても要点が伝わるように結論から伝えたり、図表29のようにすぐに返答がしやすいように結論が答えやすい質問をしたりするといった工夫ができるでしょう。

チームメイト
「来週の会議は予定通りに実施しますか？」

あなた
×「今動いている施策の整理に今週いっぱいかかりそうです。部長は参加できそうですか？」
○「やります。部長にも参加してほしいと伝えてもらえますか」

■ **図表28　「結論から答える」の例**

> ×「来週の顧客向け説明会って何ですか？」
> ○「来週の顧客向け説明会は、私も参加すべきですか？」
>
> ×「Ａ社の商談ってどうですか？」
> ○「Ａ社は失注したという認識ですが、合っていますか？」

■ **図表29　「結論から答えやすい質問をする」の例**

　ただし、結論が答えやすい質問をする場合には、少しだけ注意が必要です。YES／NOで答えを求める質問は、トーンによっては詰められているようになってしまうことがあります。そのため、質問を受けた人が、質問者によって責められていると感じてしまうことがあります。

　たとえば、小学生の子どもに対して母親が「宿題はやったの？」と聞くのは、「やっていないでしょう」と問い詰める意図が隠されています。同じように、上司から責める意図が含まれた質問をされた経験がある人もいるのではないでしょうか。これでは結論をごまかしたり、萎縮したりしてしまうかもしれず、効率化を目指していたはずなのに本末転倒になってしまいます。

　これを避けるために「私のネクストアクションを決めるために教えてほしいのですが」というコンテクストを提供したり、「順調ですね！」といったポジティブなメッセージからスタートしたりすることで、やわらかい表現でありながら、結論から答えやすい質問ができるでしょう。「気になったので、お時間があるときにでも教えてください」といったような配慮のメッセージを添えることも効果的です。

●周知は短く

「周知は短く」は、文字通り**多くの人に向けて情報を発信する際には短いメッセージにする**という行動原則です。図表30のようにSlackやメールの文章が長過ぎたり、整理されておらず要点がつかめなかったりすると、きちんと読んでもらえません。これが続くと、メッセージの発信者に対する信頼を失うことにもつながってしまいます。周知をするときには、短く、明確な要点が伝わるメッセージにしましょう。わかりやすいメッセージは読者もリアクションしやすく、活発なコミュニケーションにつながるでしょう。

×「前Qから今Qにかけて、マーケティング施策の見直しを行い、SNS広告の流量を15％増加させました。その影響を受け、インプレッション数が10％増加し、ユーザーのシェア数も同様です。ユーザー登録導線の改善も功を奏したため、ユーザー数の登録も前Q比で9％伸び、合計の登録ユーザー数が100万人を突破しました。これは目標達成の時期と比較して、1カ月前倒しでの達成です」

〇「1カ月前倒しで、登録ユーザー数が100万人を突破しました！」

■図表30 「周知は短く」の例

●最小限の変更を行い、最速でリリースする

「最小限の変更を行い、最速でリリースする」という行動原則は、**最も効率的にするためには早く公開することが重要である**というGitLabの考え方からきています。

時間をかけて文章を練ってドキュメントを公開しても、根本的な部分の誤りが後から判明すると、もう一度はじめからやり直し

になってしまいます。まずはドキュメントを公開して周囲からフィードバックをもらうことによって、大きな問題や勘違いに早く気が付き、時間を無駄にしなくても済むようになります。できるだけ小さな変更を、早く公開することで自分だけでは気が付かない視点を得て、効率的にドキュメント作成を進めていきましょう。

ダイバーシティ、インクルージョン＆ビロンギング

GitLabは世界65カ国以上2,000名を超えるメンバーで構成されていることもあって、多様な価値観を持ったメンバーがコラボレーションする必要がある環境です。その多様なメンバーがともに活躍し、居場所を感じられるようにするためのGitLab Valuesが「**ダイバーシティ、インクルージョン＆ビロンギング**」です。

多様性というと、GitLabのようなグローバルカンパニーでないと関係がないかのように感じますが、国籍や性別以外にも価値観や遺伝子の違いなど、日本のように日本国籍の人が大半を占める環境であっても多様性は存在しているのです。できるだけ多くの人たちがパフォーマンスを最大化できるように、「ダイバーシティ、インクルージョン＆ビロンギング」に取り組んでいきましょう。

「ダイバーシティ、インクルージョン＆ビロンギング」の中のドキュメント作成に関連する行動原則には、次のようなものがあります。

●可能な限り非同期を優先する

「可能な限り非同期を優先する」という行動原則は、**ドキュメ**

ントを作成したり、テキストメッセージを送ったりする場合にも即時の返答を求めないというものです。

同じ時間に集まって行う会議に必ず参加しなければならないのは、働く時間帯や環境の都合で参加できない人にとっては居場所を失ってしまうことにつながりかねません。ドキュメントを作成して、会議に参加できなくてもあらかじめ意見を述べられたり、後から誰でも会議の内容を確認したりできるようにすれば、時間に縛られずに活躍できるようになります。

ドキュメントやテキストメッセージを活用して非同期に意思決定できるようにすることで、多くの人が活躍でき、ドキュメントの効果を重視するカルチャーを醸成できるようになるでしょう。

●多様な視点を求める

「多様な視点を求める」という行動原則は、**先入観による思い込みを発見すること**に役立ちます。たとえば、ベテランの世代にとっては当たり前だと思っていたことが、新しい世代のメンバーにとっては当たり前ではないかもしれません。

ドキュメントのタイトルや内容に対して、違う価値観からフィードバックをもらうことは、より効果的なドキュメントを作成するために役立ちます。ドキュメントを作成する際にも、できるだけたくさんの人たちの目に触れるように公開し、多様な視点を求めるようにしましょう。

●何かを感じたら、声を上げる

「何かを感じたら、声を上げる」とは、**フィードバックを送るため**の行動原則です。

皆さんが目にするドキュメントの作成者はアンコンシャス・バ

イアスに気が付いていない場合があります。無意識のうちに誰か
を傷つけたり、違うメッセージが伝わったりするドキュメントに
なってしまっているかもしれません。そういった場合には周囲が
しっかりと声を上げ、ドキュメントの作成者に気付きを与える必
要があります。ドキュメントを読んでいて改善できるポイントに
気が付いたときには、敬意を持って率直にフィードバックしまし
ょう。

イテレーション

「**イテレーション**」とは、一定のアクションやプロセスを繰り
返すことで望ましい結果に近づいて成果にたどり着く方法を表し
たGitLab Valuesです。GitLab自身も「イテレーション」のこと
を、新しいメンバーから地味で過小評価されるValueであると述
べているように、イテレーションは本質的な価値や効果が実感で
きるようになるまでに時間がかかるValueです。「イテレーション」
は私たちの普段の考え方とは少し異なる部分があるため、きちん
と理解して実践していきましょう。

「イテレーション」は気恥ずかしくなるくらい小さな変更をで
きるだけ早く公開することで、ユーザーやチームからフィードバッ
クを得て、確実に前進するという考え方です。しかし、私たち
は今までの経験上、完璧な成果物を作らないと恥ずかしいとか、
間違いや不足を指摘されることが怖いと考えています。そのため、
「イテレーション」で説明されているような最小の変更で公開す
るというやり方に抵抗感を持ってしまいます。

GitLabは、そのように完璧を求めて時間をかけて公開するこ

とや他の人の目に触れずに隠しておくようなことこそが非効率の源だと考えています。フィードバックがないと、思い込みで物事を進めてしまいます。そうすると、実際には現実と乖離していることが多々あり、顧客の成果から遠のいてしまうと考えているのです。最も成果にたどり着くための近道は、最小単位で早く人の目に触れる状態にして、現実世界のユーザーやチームからフィードバックを得て、徐々に成果へと近づけていくことなのです。

「イテレーション」の中のドキュメント作成に関連する行動原則には、次のようなものがあります。

●すべてが製作途中だと理解する

「すべてが製作途中だと理解する」は、**ドキュメントやあらゆる成果物は製作途中の下書きであり、変更される可能性があり続けるという前提に立つ**という行動原則です。この行動原則があることで「完璧になるまで公開しづらい」というプレッシャーに抗うこともできますし、他の人が理解できていない文脈が存在しているかもしれないという前提に立ち続けることで、新しい視点から改善の可能性が見つかるかもしれません。

●プロポーザルを用意する

「プロポーザルを用意する」とは、**具体的なアクションを伴う提案を用意する**という行動原則です。ドキュメントを作成する際にも、ただ感想文のようなものを書き連ねて意見を収集するのではなく、具体的な変更点や行動に言及した叩き台となる提案内容を用意するようにします。

叩き台があることによって、他の人たちがリアクションできるようになるため、効率的に物事を進められるようになります。ど

うしても提案が用意できなかった場合には、良い解決策が思いつかなかったことを述べ、そこまでに検討した解決策を列挙することですぐに議論を進められるようになります。

●恥ずかしさのハードルを下げる

「恥ずかしさのハードルを下げる」という行動原則は、人によっては難しく感じるかもしれません。普通の会社では、ドキュメントを作成する前に考慮しなければならないポイントが漏れていたり、質問を想定して先回りしたりしていないと上司からダメ出しをされてしまったりすることもあるでしょう。GitLabの「恥ずかしさのハードルを下げる」とは、そうした指摘をされる心配に反して**完璧でなくてもまずは小さく変更した部分を公開する**という行動原則です。

完璧なものを出さないと恥ずかしい、想定していないことを指摘されたくないという気持ちは理解できます。しかし、「もしも」に備えていろいろと思索を巡らせたり、検討に時間をかけたりすることはフィードバックを得るまでの時間が延びてしまうことを意味しています。恥ずかしいと考えるハードルを下げ、まずはフィードバックを得るようにしましょう。

●まとめてしまいたくなる欲求に抵抗する

計画を立てるときに野心的で大きな計画を立てることはとても魅力的で、あれこれとさまざまな取り組みを計画に盛り込みたくなってしまいます。こうした欲求に抵抗する行動原則が「まとめてしまいたくなる欲求に抵抗する」です。

さまざまな取り組みをまとめてしまうと、コストが増え、狙いが曖昧になり、関係部署と利害関係を調整する時間が延びてしま

います。これを**スコープ・クリープ**（scope creep）と呼びます。スコープ・クリープは計画が複雑になるほど起こりやすくなり、プロジェクトが肥大化してしまいます。

ドキュメントを作成する際にも同じです。何でもごちゃ混ぜにした盛りだくさんのドキュメントを作成すると、コストは増すのに効果は下がってしまいます。可能な限り最小に分解して、まずは目に見える形で公開し、イテレーションを行うようにします。

透明性

組織やビジネスは大きくなるにつれ、情報が隠蔽されたり、決まっているプロセスが守られなくなったりすることがあります。これを避けるためのバリューが「**透明性**」です。情報をオープンにすることで、健全性が守られるだけでなく、多くの人が情報にアクセスできるようになり、コラボレーションが促進されやすくなります。

「透明性」の中のドキュメント作成に関連する行動指針には、次のようなものがあります。

●デフォルトは公開設定

「デフォルトは公開設定」は第3章で説明した通り、**情報を隠したくなる欲求に抵抗し、透明性を保つために非公開にするためにプロセスが必要になる**という行動原則です。ドキュメントを公開設定にすることで誰でも活用でき、客観的な視点が入る情報として活用できるようになります。

●公開しない情報も存在する

「デフォルトは公開」に対して「公開しない情報も存在する」という行動原則は、**法的なリスクや株主にとって影響を与えるような情報、プライバシーへの配慮など公開するべきでない情報に対する扱い方**を説明しています。この行動原則を適切に活用するには、前述のSAFEフレームワークを用いるのが効果的です。

●見つけやすさ

「見つけやすさ」とは、**情報にアクセスできるだけでは不十分であり、見つけやすくすることが重要である**という行動原則です。どんなに素晴らしい情報があったとしても、たどり着くことができなければ使うことができません。

検索性を高めるために、わかりやすいタイトルやキーワードを用いることや、関連情報にはリンクを張ることで、関連する他のドキュメントからもたどり着けるようになります。また、重要な情報を周知する際には、ただドキュメントを作って終わりではなく、そのドキュメントのURLをSlackやミーティングの場面など、さまざまなタイミングで繰り返し周知していくことが必要です。

●結論だけでなく理由も説明する

「結論だけでなく理由も説明する」とは、ドキュメントを作成する際など、**自分が持っているコンテクストを可能な限りドキュメントに織り込む**という行動原則です。経緯やコンテクストを十分に説明することで、余計な質問や勘違いによる作業の手戻りを防げるようになります。また、理由が詳細に書かれていれば、後から振り返ったときにどんな意思決定が行われたのかを確認できます。

「チェスタトンのフェンス」という逸話があります。これは、「なぜフェンスが建てられたのかわかるまで、決してフェンスを撤去してはならない」という考え方です。フェンスを建てたのには何か理由があったはずで、それを知らずに撤去してしまうと問題が発生するというものです。用意された理由が詳細に書かれていれば、1年後に不要と思えるものをなくしたいと思ったときにコンテクストを得て判断することができるでしょう。また、ドキュメントで過程を説明する際には、「業界標準に合わせる」とか「これがベストプラクティス」のような曖昧な表現を用いないようにします。それを見ても何も情報を得られないためです。

いずれにせよ、余計な混乱や非効率を避けて効率的に情報を活用するために、ドキュメントには詳しくコンテクストを得られるような理由を書くようにしましょう。

フィードバックで改善する

日常の業務で、ここで紹介したようなValueの行動原則を実践することで、ドキュメント作成のスキルが徐々に磨かれていき、意識しなくても活用できるようになっていきます。

しかし、スキルを迅速に身につけ、チームに徹底させるためには**周囲からのフィードバックが避けては通れません**。ドキュメントを多くの人の目につくように公開することで、周囲のメンバーから良いドキュメントを作成するためのフィードバックを得られるようにします。他のメンバーがどんなやり方で効率的なドキュメントを作成しているのか学び、それを取り入れて実験することで、スキルを身につけられるようになるのです。

第**7**章

メッセージの組み立て方

ライティングのマインドセット

　まずは、**文章を書く上での基本的なマインドセット（考え方）**について解説します。文章の書き方に関する書籍は世の中にたくさん出回っていますし、ライティングのマインドセットに関しても絶対的な正解があるわけではありません。「完璧なドキュメントを目指すべきである」と説明している書籍もありますし、「ロジカルに組み立てることが重要である」という主張も存在します。本書ではGitLabの考え方に基づいたライティングのマインドセットについて説明します。

　GitLabのドキュメントに関するマインドセットは、イテレーションの考え方に共通する部分が多く存在します。つまり、**最小限の変更で早くリリースして、ユーザーのフィードバックを受けながら、改善を積み重ねていくやり方**です。

　この考え方は第2章で紹介した「共有された現実」にも関連しています。自分が伝えたい現実が相手に伝わっているのかを確認し、伝わっていないようであれば修正していきます。作成しているドキュメントが良いか悪いかを決めるのは「作成者」ではなく「読み手」なのです。

　そのスタートラインに立ってみると、自分の頭の中だけで作られた正しさが本当に正しいのかは、頭の中にある限りいつまでも確証が持てません。せっかくドキュメントを作成しても、間違った方向に投資したコストは無駄になってしまいます。効果を発揮できるドキュメントにしていくためには、読者が求めているものに合っているのかどうかを最優先に確定させなくてはなりません。

　したがって、「すべてのドキュメントが下書きである」という

前提に立ち、**些細な内容でも恥ずかしがらずにまずは叩き台を作成し、それをオープンにすることで多様な視点を活用しながらドキュメントを育てていく**のです。

　ドキュメントを作成するにあたって、はじめはタイトルだけの真っ白なドキュメントでも問題ありません。そこから順番に書き進めて、切りの良い段階で公開していけば、誰でもドキュメントを作成していくことができます。いつまでも公開しないでいると、状況に変化が生じて、せっかく書いた文章が使えない古い情報になってしまうこともあります。取りあえず公開しておけば、情報が古くなるまでは価値を発揮できる可能性が高まります。恐れることはありません、まずは実際に公開してフィードバックを求めてみましょう。

ドキュメントの目的を書き出す

　ドキュメントを作成する際には、最初に第4章で説明した**ドキュメントの目的**を書き出します。これにより、ドキュメントの作成者は目的に関連しない情報を見極められるようになります。また、読者は目的だけを読めば、ドキュメントが自分にとって必要なものか判断できます。目的はドキュメントの冒頭にできるだけシンプルに記述します。

メッセージの最小単位を意識する

　1つのドキュメントに、複数のメッセージを記述することがあ

りますが、それぞれのメッセージは、図表31のような形式で構成していきます。

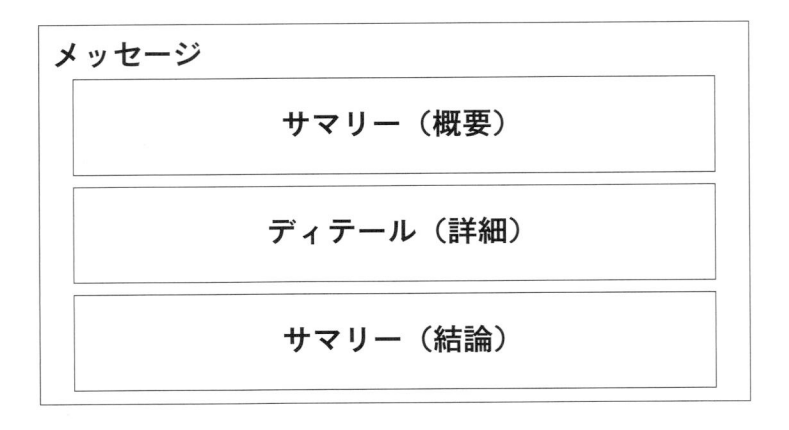

■**図表31 メッセージの構成要素**

　はじめに**サマリー（概要）を説明すること**で、読み手の頭の中に全体像をイメージしてもらい理解を促します。

　このような、自分が認知することを俯瞰で把握しておく認知行動を「**メタ認知**」と呼びます。東京大学社会科学研究所とベネッセ教育総合研究所の共同研究では、メタ認知を活用したほうが学習の効果が高まることがわかっています[1]。冒頭にサマリーを設けることで、ドキュメントの内容を流し込むメタ認知の受け皿を作れるため、読者により的確に内容を伝えられるでしょう。

　皆さんも同僚から仕事の説明を受けたり、営業電話などで他の人から説明を受けたりすることがあると思いますので、そういったシーンを思い浮かべてみてください。サマリーがない説明では、会話相手の説明内容がさまざまな方向に飛躍して「いったい何に

ついての話なんだろう？」と感じた経験があるのではないでしょうか。

　たとえば、あなたが同僚に対して「先日依頼したタスクが完了したか」質問するシーンを思い浮かべてみましょう。

　質問に対して、同僚が「先方に確認してみたら、うちのサービスが動かないようでさ。確認したら、どうやら先方のシステムのバージョンが古かったらしく、このままでは予定に間に合わないみたいなんだよね。うちの開発メンバーにもなんとかならないかって確認しているんだけどさ。いったんできるところまで進めたいって上司には相談しているんだけどね」などと説明をされたら、どういうことなのか要点がつかめずイライラしてしまうのではないでしょうか。

　ひとつひとつのメッセージに意識が割かれ、結局「タスクが完了したか」という確認したかったことがよくわからなくなってしまいます。もし、冒頭で「対応したのだけれどトラブルになってさ。来週水曜日には完了の目途が報告できると思うよ」と一言あれば、その前提に立って説明を聞けるようになります。

　同じようにドキュメントでメッセージを組み立てるときには、冒頭でサマリーを説明し、ドキュメントを読む人がどんな姿勢でその後の情報を読めばいいのか頭の中に大枠を作ってあげるようにしましょう。これによって、ドキュメントを通じて伝えたいメッセージが効果的に伝達できるようになります。

　冒頭のサマリーで大枠の説明をしたら、次は**具体的なディテール（詳細）**を説明していきます。

　ディテール部分ではサマリーで説明した内容を詳細に説明するための情報を提供します。ディテールで説明する内容は、なるべく曖昧な表現を避け、「具体的な数字や固有名詞を用いる」「主語

を明確にする」「リストを効果的に活用する」などの方法を活用して結論を裏付けるような情報を解説していきましょう。

　最後に、**サマリー（結論）でメッセージのまとめ**を改めて説明します。ディテールが長くなると、ドキュメントを作成している人も何を言いたかったのか曖昧になってしまうことがあります。末尾に結論を述べることで、自分が書いた文章が結論に添った内容になっているか改めてチェックできます。読み手にとっても末尾に結論が書かれていることで改めて趣旨を確認し、説明されていた内容と照らし合わせて判断できるようになります。

　このように、サマリー→ディテール→サマリーの順番で文章をまとめることをSDS（Summary・Details・Summary）法と呼びます。メッセージを作成する際には、SDS法を最小限の単位として組み立てることを意識してみましょう。

ファクトとオピニオンを区別する

　第4章の「正確性・客観性を高める」という項目で、**ファクト（事実）とオピニオン（意見）を分けること**が重要であると説明しました。これについて詳しく見ていきましょう。

　私たちがファクトとオピニオンを区別することが難しいのは、人間には正確さよりも直感的に正しそうかどうかによって物事を判断する習性があるためです。これによって「なんとなく正しそうなオピニオン」と「実際に正しいファクト」を混同してしまうのです。これは、「正しいか定かではない情報」を「正しい情報」と誤認してしまうことにつながります。

　こうした直感的に物事を判断する考え方の習性は、「**ヒューリ**

スティック」と呼ばれています。私たちは普段の生活でヒューリスティックに基づいて判断することでスムーズに過ごせているという側面があります。空模様を見て雨が降りそうだと傘を持っていったり、テレビでよく見る有名な商品は品質的にも間違いないだろうと迷うことなく購入してしまったりするようなものです。ヒューリスティックがあることによって、雲や風の様子や気圧などのデータや商品の成分表をいちいち分析しなくても、コストをかけずに意志決定を行い生活できるようになるのです。

こうした直感的な判断をダニエル・カーネマンは『ファスト＆スロー』（早川書房）の中で「速い思考」と呼んでいます。そして、「速い思考」とは逆に、しっかり立ち止まって吟味して考える判断を「遅い思考」と呼んでいます。

ファクトとオピニオンを上手に区別するためには、「速い思考」で直感的に判断するのではなく、**ゆっくり情報を吟味する「遅い思考」を用いること**が効果的です。

具体的には、「遅い思考」を用いて「根拠があるのか」を意識するとファクトとオピニオンを見極めやすくなります。ファクトは「常に正しい」「証明できる」という特徴を持っているため、「正しくない場合はあるか」「証明できるか」という視点を持っていれば見極められるようになります。これはトレーニングすることで身につけられます。

たとえば、図表32を見てみましょう。「Aさんは、過去10回行った数学のテストですべて満点だった」という文章は、実際にテストがすべて満点だったとしたらファクトになります。これは、検証可能な根拠がありますし、時間が経っても満点だったものが0点になることはありません。

一方で「Aさんは、数学が得意である」という文章を見てみま

しょう。この文章の場合は、常に正しいとは限りません。高校1年生のときには数学を得意だと感じていたAさんが、年次が上がるにつれて苦手意識を覚えて、高校3年生のときには苦手だと感じてしまっている可能性が存在します。また、この文章では本当に得意とみなしていいのか検証ができません。Aさんの数学の点数が85点だったときに、確かに50点の人よりは得意かもしれませんが、100点を取った人と比較すると得意とはいえないかもしれません。このように常に正しいとは限らず、検証も難しい文章はオピニオンとして扱います。

ファクト	Aさんは、過去10回行った数学のテストですべて満点だった
オピニオン	Aさんは、数学が得意である

■ 図表32　ファクトは「常に正しい」・「検証可能」

　先ほど紹介したSDS法を活用する場合、まずディテール部分でファクトを積み重ねて説得力を高め、それに基づいてサマリー部分で概要と結論としてオピニオンを述べる形がわかりやすいメッセージの組み立て方です。

　ファクトを説明するときには、「著書によると」「東京大学の2019年の研究によると」「ダーウィンが述べたように」「収集できたデータによると」などと**出典を記述してソースを明らかにする**ようにします。オンラインドキュメントの場合は、もととなるデータのリンクを張るか、URLを記載するようにしましょう。

　また、組織で事業を進めていく中で「4Qの仮説に基づいて行動をした結果、失注が10%増えるという問題が発生した」というような実際にあった出来事もファクトとして扱えます。

　紛らわしいケースとして、ファクトというには根拠に乏しいも

のの、一定数の人たちが信じている情報は「通説」といわれます。たとえば、「A型は几帳面である」「ストレスで白髪が増える」といったものです。

　基本的に通説はバイアスを強化することにつながるため、ドキュメントに記載することは推奨しません。どうしても使いたいときには、「〜といわれている」「多くの人は〜だと信じている」のように、通説であることがわかるような表現を用いましょう。

　オピニオンを述べるときには、「〜と考えている」「〜だと信じている」「〜であると推測する」「〜でありたい」といった文章にすることで意見であることがわかるようにすると良いでしょう。「GitLabはハンドブックに書かれている内容を公式のルールとして運用します」という組織としてのスタンスの宣言もオピニオンです。

　このようにファクトとオピニオンを区別して書くことは、トレーニングを通じてコツをつかめば誰でもできるようになります。参考までにファクトとオピニオンを区別する簡単なエクササイズ（図表33）を用意しました。試してみてください。

1. オフィスに出社したら、鍵が開いていなかった。	ファクト・オピニオン
2. 晴れ渡った青空は美しい。	ファクト・オピニオン
3.「あなたは聡明だ」と母が述べた。	ファクト・オピニオン
4. パリといえばエッフェル塔を思い浮かべる人が多い。	ファクト・オピニオン
5. 大谷翔平は身長が高い。	ファクト・オピニオン

■ 図表33　ファクト・オピニオンチェックシート

答え　1. ファクト、2. オピニオン、3. ファクト、4. ファクト、5. オピニオン

慣れないうちは間違ってしまったり、慣れている人でも気付かずに混同してしまったりすることは当然あります。もし、区別できてない記述を見つけたとしても、周囲から思いやりを持ってフィードバックして学習の機会にしていくことで、ファクトとオピニオンを自然と区別できるチームを作り上げていけるはずです。

引用・参照の示し方

　前項で、ファクトを伝えるためには書籍や論文、Webサイトなどのソースを示す必要があると説明しました。しかし、書籍や論文などのデータは著作物であり、適切な引用方法を知らないと気付かないうちに著作権侵害を犯してしまう恐れがあるため注意が必要です。

　たとえば、業務で作成する研修資料や社内向けのハンドブック、Slackのコミュニケーションなどで書籍に掲載されている図やイラスト、文章をコピーして貼り付けるケースを考えてみましょう。

　このような引用は外部に向けて公開することもなく、儲けを得るために利用していないから権利を侵害しておらず、大丈夫であると思っている人もいるのではないでしょうか。

　日本の法律の場合、これらも適切に引用していなければ複製扱いとなり、著作権侵害になってしまう可能性があります。

　また、私的利用のための複製をする場合は著作権の侵害にならないという制限がありますが、これは業務上で著作物を扱う場合には適用されません。教育機関では著作物の複製が認められていることから、研修資料も同様であると考えている人もいるかもしれませんが、営利企業ではその対象になりません。

この他にも、書籍などで読んだ内容を自分なりに解釈してプレゼンテーションする機会もあるでしょう。勉強会の資料や営業資料などで著作物に書かれている内容をアレンジして、自分が考えたかのように載せてしまうと「剽窃」として扱われてしまいます。

　こうした問題を避けるために、適切な引用と参照した資料の出典を示す方法を学んでおく必要があります。

　まずは、引用について説明します。引用には、図表34のように大きく2種類の引用方法があります。ひとつは、引用元の著作物の内容をそのまま転記する「**直接引用**」です。もうひとつが、引用内容を筆者が要約・解釈を加えて紹介する形で「**間接引用**」と呼ばれています。

　それぞれの引用方法について見ていきましょう。

直接引用	引用元の内容をそのまま転記
間接引用	引用元の内容を要約

■ **図表34　引用の種類**

●直接引用

　直接引用の場合は、「短文を引用する場合」と「長文を引用する場合」で引用方法が異なります。目安として短文とは2文以下、長文とは3文以上と考えましょう。

　短文を引用する場合には、引用部分をカギカッコ（「　」）でくくります。引用文中に「　」が存在している場合には、二重カギカッコ（『　』）に置き換えます。書籍名を紹介するときにも二重カギカッコを用います。また、引用する文章に誤字や脱字があった場合にも、それをそのまま記載します。明らかな誤字・脱字が

含まれる場合には、誤字・脱字部分に「(原文ママ)」と追記します。

通常の短文直接引用

> 書籍の中で「非同期の業務スタイルはオフィスワークであっても活用できる」と述べている。

引用文内に「」がある場合の直接引用

> 「それは実行した内容が『効果的ではなかったことが判明する』という意義のある学習」であると指摘している。

■ **図表35　短文の直接引用**

　長文の直接引用をする場合には、カギカッコでくくらずに文章全体をまとめて引用します。その際には、引用部分の上下を１行ずつ開けて、２文字下げて記述します。この場合も誤字・誤植はそのまま引用します。

　長文を引用している際に、途中の文章を省略する場合には、省略した部分に「(……)」、「(…)」、「(中略)」などと記載します。このとき、省略することで文章全体の意味が変わってしまわないように注意します。

●間接引用

　間接引用は、書籍や論文に書かれている本文をドキュメントの作成者が要約して記述する方法です。間接引用の場合は「　」でくくらず、著作物の内容を改変したことが明確にわかるようにします。間接引用の場合は、要約によって引用元の著者の意図と異なる見解を述べないように細心の注意が必要です。また、間接引

千田は、著書『GitLabに学ぶ世界最先端のリモート組織のつくりかた』において、

> その中でも特にGitLabにおけるValueという存在は特筆すべきテーマです。Valueや行動指針を策定している会社は多くありますが、それらを日常的に意識できている組織は限られるのではないでしょうか。GitLab ValueはGitLabにおいて仕事を進める上での基本原則ともいえる、徹底した遵守が求められる強力なルールです。同時に、GitLab Valueにはリモート組織を効果的に機能させるための具体的なノウハウが詰め込まれています。これらを読み解き、行動として徹底させていくだけでも効率的なリモート組織に近づけていくことができるでしょう。

といった見解を述べている。

千田は、著書『GitLabに学ぶ世界最先端のリモート組織のつくりかた』において、

> その中でも特にGitLabにおけるValueという存在は特筆すべきテーマです。Valueや行動指針を策定している会社は多くありますが、それらを日常的に意識できている組織は限られるのではないでしょうか。**(中略)**これらを読み解き、行動として徹底させていくだけでも効率的なリモート組織に近づけていくことができるでしょう。

といった見解を述べている。

■ **図表36　長文の直接引用と中略を用いる場合**

用の場合には、出典を忘れてしまうと剽窃として扱われてしまうことがあるので気を付けるようにしましょう。

千田は、著書の中でGitLabの組織運営を説明する際に、リモートワークだけでなく、オフィスワーク中心の企業に対しても業務の効率化が見込める仕組みであると述べている。

■ **図表37　間接引用**

直接引用・間接引用どちらの場合であっても、**どんな著作物を参照したのか出典を明記しなくてはなりません**。出典の書き方は、ハーバード方式とバンクーバー方式があります。ハーバード方式では引用箇所に著者名と出版年を示し、参考文献欄に著者名順で参考文献を提示します。バンクーバー方式は引用箇所に通し番号を振って、参考文献欄に番号順で参考文献を提示する形式です。出典や参考文献の書き方は所属する企業や団体などで統一されているルールがあれば、それに準ずるのが一般的です。Webサイトを引用する場合は、内容が後から変更される可能性もあるため、参考文献欄にURLと最終閲覧日も記載するようにしましょう。

ハーバード方式

> 書籍の中で「非同期の業務スタイルはオフィスワークであっても活用できる」と述べている（千田，2023）。
> 《参考文献》50音順
> 千田和央. GitLabに学ぶ世界最先端のリモート組織のつくりかた. 翔泳社，2023, 54p.

バンクーバー方式

> 千田が書籍の中で「非同期の業務スタイルはオフィスワークであっても活用できる」と述べている（1）。
> 《参考文献》
> （1）千田和央. GitLabに学ぶ世界最先端のリモート組織のつくりかた. 翔泳社，2023, 54p.

■ **図表38　出典記載方法の違い**

　図や表を引用する場合についても見ていきます。写真を引用する場合も図として扱います。
　まず、引用に限らず、図表を用いる場合には**本文中で図表につ**

いて言及しなければなりません。本文で言及せずに図表だけを掲載することがないように注意しましょう。なお、図表を挿入する位置は、本文中で言及した直後にします。

　図表を用いる場合、表のタイトルは表の上部に、図のタイトルは図の下部に記載します。そして、タイトルの前には通し番号を付けると読みやすくなります。

　図や表を引用する場合には、図表39のように図表の下に出典を記載します。出典の記載方法は（著者名、書籍名、出版社、出版年、ページ番号）の形で記載します。

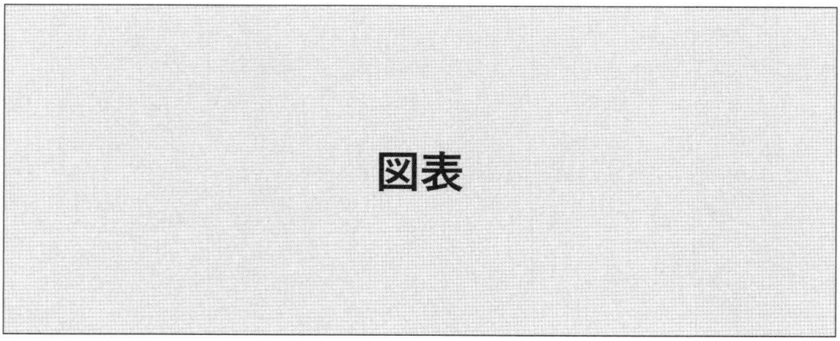

図表

引用：著者名『書籍名』（出版社，出版年）ページ番号

■ **図表39　図表を引用する場合**

　英語のグラフを日本語に翻訳したり、著作者の意図を変えずに一部表現を変更したりする場合には、引用部分に「〜より改変」と記載します。なお、改変する場合には、著作者の許諾が必要になるので注意しましょう。

　参考文献のデータをもとに、新たにグラフや表を書き起こした場合には図表40のように、「〜より作図・作成」と記載しましょう。また、図表を引用する場合にも、文章を引用する場合と同じ

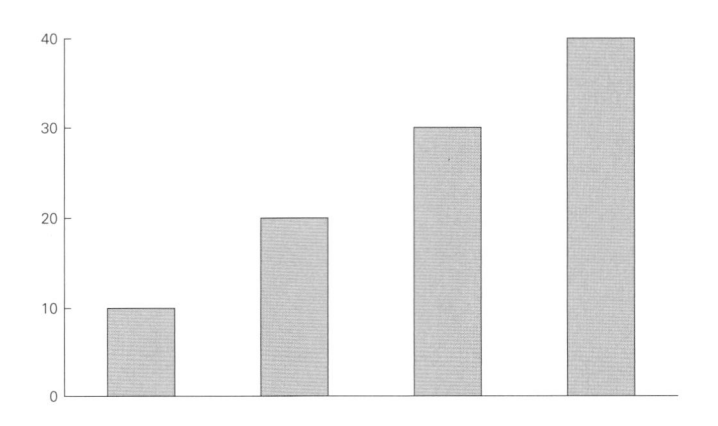

引用：著者名『書籍名』（出版社, 出版年）より作図

■ 図表40　データを引用してグラフを作成する場合

ように参考文献欄に提示します。

　このように引用を適切に用いることによって、ファクトを上手に活用したドキュメントを作成できるようになります。知らないうちに著作権侵害をしていたというリスクを避けながら、先人が積み重ねてきた研究や見解の力を借りて、チームが前進できるように知見を活用していきましょう。

「So what?」を研ぎ澄ます

　単純に作業手順を並べただけのドキュメントや事実を羅列することが目的のドキュメントの場合は不要ですが、何か行動を促したいドキュメントを作成する場合には、ファクトだけを述べるのではなく、ファクトに基づいたオピニオンとして「**だから何？**

（So what?）」を伝えるようにします。

　ドキュメントを作成していると、ここまで説明したのだから結論は自明だろうと言及をしなかったり、無意識のうちに省いてしまったりすることがあります。たとえば、「降水確率70%」と説明しても傘を持ってきてほしいのか、雨が降る前に早く帰ってほしいのか、外出を控えてほしいのかわかりません。

　あなたが当然だと思っている結論は他の人にとって当然ではないのです。これは育った環境や価値観が異なれば当然多様になっていくので、「だから何？」を明示することは効果的なドキュメントを作成する上で有効です。

　「だから何？」を研ぎ澄ますためには、次のような方法が有効です。

●書き手が期待している行動変容を促すか見極める

　まずは文章を読み返してみて、書き手が読者に実行してほしい行動を促す文章になっているかを確認します。

　「〜ですから〇〇をしましょう。」といったように、**具体的な行動に言及しているかをチェックします。**

　たとえ論理展開の流れで結論が自明だと感じられても、具体的な行動まで言及するとより効果的になるでしょう。

●第三者のつもりで読み直す

　何も知らない第三者のつもりで文章を頭から読み返すことで**論理の飛躍がないか**確認します。

　文章を書いていると、知らないうちに頭の中でコンテクストを補完してしまってストーリーを作り上げてしまうことがあります。何の知識も持っていない人になったつもりで文章に書かれている

情報だけに基づいて考えていくと、飛躍がある部分に差し掛かったタイミングで気付けるようになります。「この文章だと意図がわかりづらいかもしれないな」という思いやりの気持ちを持って、なるべくコンテクストを提供するようにしましょう。

　もちろん実際に何も知らない人にレビューしてもらうことも非常に有効です。

●より良い論理展開が存在しないか検討する

　論理の展開をもっとシンプルにできないか考え直してみます。

　文章を書いているときには、頭を占めている論理展開がベストだと感じます。しかし、時間を置いて、もっとわかりやすい展開ができないかという視点で見てみると、より良いアプローチに気付くことがあります。

　マニュアルや会社のルールを示したドキュメントは多くの場合、他人に影響を与えて何か行動を起こしてもらうことを目的にしています。そのため、「だから何？」で表現する内容は具体的な行動であることも多いでしょう。ですから、論理展開を考える場合には、**行動変容をどうしたら起こせるのかを意識するべき**です。

　行動変容を促すためには、**「目標意図」と「実行意図」を考慮すること**が効果的であることがわかっています[2]。

　目標意図とは、「なぜ行動を起こす必要があるのか」という目的が伝わっているかという観点です。これは、メリットや解決すべき課題を明確にすることで示せます。ドキュメントを読んだ人がやる意味があると思えるかというのが目標意図です。

　実行意図とは、「具体的にどうやったらいいのか」という観点です。やる意義が伝わったとしても、やり方がわからないと行動にはつながりづらいものです。どのようにやれば達成できるのか

という具体的な方法を明示することが実行意図となります。

　実行意図を明確にするために、マニュアルのように手順通りに作業することで完了できるようなドキュメントを作る際には、迷いそうな箇所や曖昧な箇所をより具体化できるような情報を記載できないか模索してみましょう。その一方で、行動原則のようなさまざまなシチュエーションが存在するテーマのドキュメントであれば、1から10まですべて明示することは困難ですし、いくつかのパターンが明示されていれば最適な行動を見いだせる人も多いでしょう。仕事の進め方のアドバイスなどは、ただ手順に従うだけの行動はつまらないものですから、具体的に踏み出すための一歩目となるナッジやつまずきやすいポイントの乗り越え方を示すというやり方も効果的かもしれません。

　このような見方で、目標意図や実行意図を伝えられないか論理展開を見直してみると、より良いドキュメントを作成できるようになるはずです。

　このような工夫を経て明確な「だから何？」がオピニオンとして述べられているドキュメントは、十分な根拠とアクセスのしやすさがあれば効果を発揮してくれるはずです。

第8章

メッセージの表現方法

「伝わる」を意識する

ここまでの説明で、GitLabが多様な人たちをコラボレーションさせるための土台としてドキュメントを活用してきた努力が感じられたのではないでしょうか。

GitLabはドキュメント作成者と読者の間で解釈の違いや曖昧な部分が生まれたら、**より詳細な言語化を行うことによって解釈性の低いドキュメントに改善していく**、という作業を繰り返しています。これによってドキュメント作成者が意図しているメッセージが、誤解なく相手に「伝わる」ことを追求しているのです。

つまり、GitLab流のドキュメント作成スキルを磨きたければ、ドキュメントやメッセージを考える際に**どうしたら意図が「伝わる」のかを考えていけば良い**ことになります。

ドキュメントやメッセージの意図をしっかりと伝えるためには、情報にアクセスしやすいことと解釈の余地が少ないことが重要であると説明してきました。せっかく伝わりやすく作られたドキュメントがあっても、アクセスできなくては作成者の意図が伝わることはありません。検索性が悪かったり、似たような情報がさまざまな場所にばらばらに整理されていたり、同じ内容の昔のバージョンが数多く存在していては、求めている情報にたどり着くことは難しくなってしまうでしょう。

また、解釈の余地が大きいドキュメントは、本来意図していたメッセージとは違うメッセージを伝えてしまうかもしれません。

たとえば、日本人が「これは難しい」というメッセージを目にすると、多くの場合は「できない」という意図を受け取ってしまうのではないでしょうか。しかし、アメリカ人の場合は「難しい

から課題を整理して乗り越えよう」という意図として受け取ることが多いといわれています。

「できない」という意図を伝えたいのであれば、婉曲な表現を避け、ただシンプルに「できない」と言語化することで解釈の余地を減らしていかなくてはなりません。逆に本当に難しいだけで実現できるのであれば、乗り越えなくてはならないハードルを記載することで課題に対処できるのかという議論に進むことができます。重要なのは、何を伝えたいのかという意図なのです。

この章では、メッセージの表現方法について見ていくことで、アクセスしやすく、解釈の余地が少ない「伝わる」ドキュメントやメッセージを作成できるようになることを目指していきます。

タイトル・見出しの作り方

情報にアクセスしようとした際、最初に目にするのが**タイトル**です。

タイトルはアクセスのしやすさという点でも重要ですし、ドキュメントのカバー範囲を決める重要な要素でもあります。

GitLabの場合、ハンドブックのタイトルは図表41のように「GitLab Values」「About GitLab」「About the Handbook」など、**端的な表現**にするようにしています。これによってドキュメントに何が書かれているのかが明確になり、検索もしやすくなります。

ニュースサイトで見かけるような「What Motivates You at Work?（仕事でモチベーションを高めるものは何か？）」といった、好奇心をあおることを目的としたような、何を提供するのかが曖昧なタイトルを付けてはいけません。読者が求めている情報

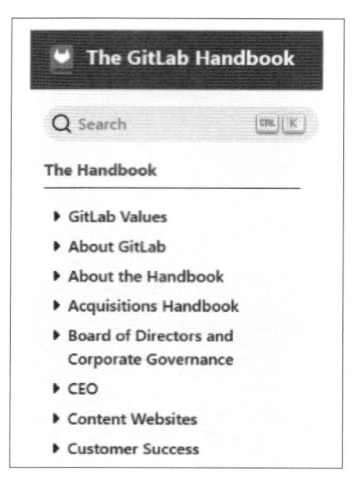

出典：https://handbook.gitlab.com/handbook/

■ 図表41 「GitLab Handbook」のタイトルの付け方

をそのままタイトルとして付けるように意識しましょう。

　議事録や四半期OKRなどの継続的に記録を続けるドキュメントの場合は、タイトル内に日付を記入し、どのタイミングの情報なのかがわかるよう「FY24-Q3 OKRs」のようなタイトルを設定します。

　読者の関心事を表現した端的で検索しやすいタイトルを設定したら、次は**見出し**を作っていきます。

　ドキュメントを作成する際には、適切な見出しを付けることで可読性を高め、ツールによっては目次を自動作成する機能があったり、ページ内リンク（ページの特定の場所にリンクを張れる機能）を活用できるようになったりします。

　GitLabの場合は、一番大きな見出し（Level 1）はタイトルのみに利用するというルールにしています。そして、Level 2以降

は情報の粒度でそろえて活用します。また、Level 2の次にLevel 4を用いるといった階層のスキップはしてはいけません。

Googleドキュメントの場合は、「タイトル」というスタイルが個別に用意されているので、タイトルにはこれを使用しましょう。見出しもタイトルと同じように、最も伝えたい要点を端的に表したわかりやすく検索性の高いものを設定するようにしましょう。

このように適切なタイトルと見出しを設定すると、読者も検索しやすく構造的に内容を把握しやすくなります。お手軽に始められるポイントでもあるので、ぜひ取り組んでみてください。

箇条書きと番号付きリスト

いくつもの構成要素が含まれているドキュメントや手順を伝えるためのマニュアルは、**リストを活用すること**で伝わりやすく表現できるようになります。

たとえば、料理の手順のようなマニュアルを作成する場合について考えてみましょう。

「材料」や「調理の手順」といった複数の要素が含まれるものを1つの長い文章にしてしまうと、要点がわかりづらく、またどこまで作業を行ったのかが把握しづらいなど、情報が伝わりにくくなってしまう場合があります。

そうした際には、図表42のように**箇条書きリストと番号付きリストを適切に用いること**で情報を伝わりやすく表現できるようになります。

食材や調味料といった準備する材料のように並列の要素が存在し、並んでいる順番に意味がない場合には箇条書きリストを用い

箇条書きリスト

準備する材料
- 牛肉 200g
- 玉ねぎ 1個
- 人参 1本
- じゃがいも 4個
- 水 2カップ
- 酒 大さじ2
- 顆粒だし 小さじ2
- 砂糖 大さじ1
- みりん 大さじ1
- しょうゆ 大さじ2

> 要素が並列

番号付きリスト

調理の手順
1. 野菜の皮をむき、一口大に切る。
2. 油を入れて牛肉を炒める。色が変わったら1.を加えて炒める。
3. 水・酒・だしを加えてフタをして弱火で10分煮込み、砂糖・みりんを加えて5分煮る。しょうゆを加えてフタをせずに5分煮る。

> 要素の順番に意味がある

■図表42　肉じゃがのレシピ

ます。手順のような並んでいる順番に意味がある場合には、番号付きのリストを用いるようにしましょう。

　箇条書きリストは、図表42のように「玉ねぎ」「人参」のように複数の要素が存在していて、それらが並列に並んでいる場合に活用し、網羅するように記載します。

　箇条書きリストを用いる際には、**各リストに含む要素は1つに絞る**ように注意します。また、簡潔に伝えるために箇条書きにしているのですから、**必要のない情報はできるだけ削ぎ落とす**ように工夫しましょう。

　より伝わりやすくするために配慮すべき点としては、箇条書きリストを並べるだけでは意図が伝わりづらいことがあるため、箇条書きの前に「肉じゃがを作るための材料は以下です」といった、**何を説明するリストなのかを記載するフォロー文を挿入する**と伝わりやすくなります。

　また、論文など厳密さが求められるドキュメントや、箇条書きにすることで情報が欠損して曖昧さが増してしまうような場合に

は、箇条書きで表現することが適切ではない場合があります。正確な情報を伝える必要があるメッセージに対しては箇条書きを用いずに、文章で十分なコンテクストを提供するように心掛けましょう。

承認プロセスや作業プロセスなどの順番が守られる必要がある内容に関しては、番号付きリストを用います。

番号付きリストは**順番をわかりやすく説明すること**が目的であるため、箇条書きリストほど情報を削らなくても問題がないケースもあります。ノイズにならない範囲で作業がスムーズに進められる情報量を織り込みましょう。

GitLabが推奨しないリストの使い方として紹介されているのが、要素がいくつあるのか、数をわかりやすく説明するために番号付きリストを使ってしまうケースです。順序に関係のないものに対して番号付きリストを用いないように気を付けましょう。

具体的に表現する

伝わるドキュメントを実現するために解釈の余地を減らすことを目指すと説明してきましたが、解釈の余地を減らすことは**曖昧な表現を具体化すること**で実現できます。

解釈の余地が大きく改善できるケースをいくつか紹介していくので、これらを参考にして、より具体的に表現できるようにしていきましょう。

解釈の余地が大きい文章表現について、ここでは次の4つのケースを紹介します。

- **時間や度合いが曖昧**
- **表現が冗長**
- **かかり先が曖昧**
- **必要な語句の不足**

●**時間や度合いが曖昧**

　時間が曖昧とは、たとえば「新しい」「現在は」といった表現が用いられたドキュメントが該当します。

　このような表現は、１年後に見返すとドキュメントを作成したタイミングと想定していた時期とがずれてしまい、適切な表現ではなくなってしまいます。つい最近流行っていた若者言葉を使っても古いといわれてしまうように、時間は絶えず流れています。

　同じように、「かなり」「たくさん」「少ない」などの度合いに関する表現も解釈の余地が発生してしまいます。グラスに６割のワインが注がれていれば、「たくさん」と感じる人もいれば、グラスのフチまでなみなみと注がれていなければそう感じない人もいるでしょう。

　時間・度合い、いずれの場合であっても、図表43のように**具体的な日付やバージョン、数字で示すこと**で曖昧さを減らせます。

　こうした曖昧な表現は、達成すべき目標が未達に終わってしまった場合や自分の成果をアピールし過ぎているようで気恥ずかしいときに用いてしまいがちです。立てた目標が未達だったときに具体的な達成率の数字を言及することはハードルが高いかもしれませんが、それはその瞬間だけの恥ずかしさです。そこに向き合うことで何かを変えるべきなのか、今は耐えて続けるべきなのかという議論に踏み込んでいけるようになるのです。

　第６章で紹介したように、GitLab Valuesには、「恥ずかしさの

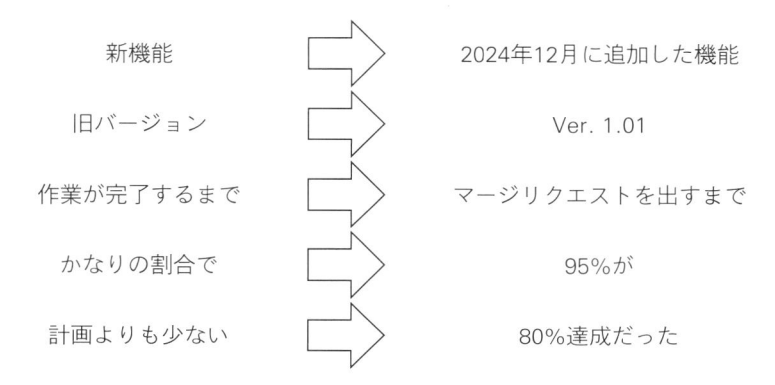

新機能	→	2024年12月に追加した機能
旧バージョン	→	Ver. 1.01
作業が完了するまで	→	マージリクエストを出すまで
かなりの割合で	→	95%が
計画よりも少ない	→	80%達成だった

■ 図表43　時間や規模が曖昧なメッセージの改善

ハードルを下げる」という行動原則がありますが、時間や度合いに接する機会は自分の感じる後ろめたさを抑え込み、本質的なテーマに向き合うための勇気を発揮するときなのかもしれません。

●表現が冗長

　冗長な表現にはいくつかのパターンがあり、次のようなものが冗長な表現に該当します。

- **重複表現**
- **二重敬語**
- **二重否定**
- **冗長な文末表現**
- **つなぎ言葉**

　まずは、重複表現です。重複表現とは「色が変色する」「しかし逆にいえば」のように、同じ意味の言葉が重なっているものを

指しています。この場合は、重複している部分を削って対応しましょう。

　次に二重敬語は、「させていただきます」のように敬語の表現が重複しているものです。丁寧に伝えようとするあまり適切ではない表現になってしまうことがあります。適切な敬語を使えるようにしましょう。

　二重否定は、「できないわけではない」というように「できる」を婉曲に表現するために否定を重ねているものですが、意味が伝

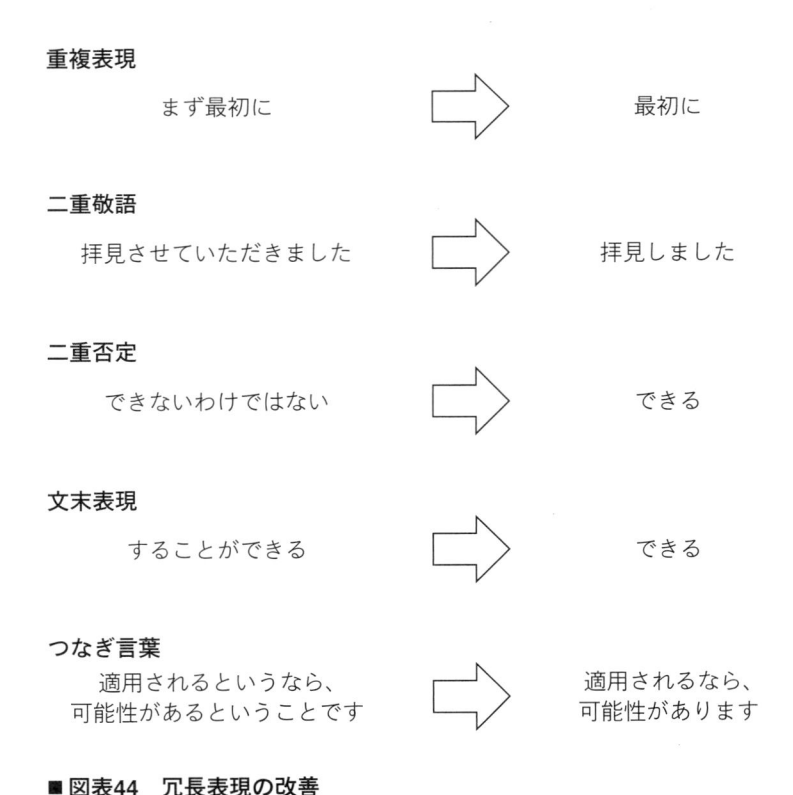

重複表現
　　　まず最初に　　　　　⟹　　　　最初に

二重敬語
　　拝見させていただきました　　⟹　　　拝見しました

二重否定
　　　できないわけではない　　⟹　　　　できる

文末表現
　　　することができる　　　⟹　　　　できる

つなぎ言葉
　　　適用されるというなら、　　　　　適用されるなら、
　　　可能性があるということです　⟹　可能性があります

■ **図表44　冗長表現の改善**

わりづらいため避けるようにします。

　次の冗長な文末表現は、「〜することができます」という文末の表現です。書籍のように読むテンポを作る際にはこの表現でも問題ありませんが、手順を説明する場合など、明瞭さが必要なドキュメントでは「できます」だけで足りるため、削って読みやすい文章にしましょう。冗長な文末表現は無意識のうちに使ってしまうことがよくあるので、こまめにチェックして習慣づけましょう。

　最後の冗長表現はつなぎ言葉です。「という」「など」といった不要なつなぎ言葉を使用することで文章が長くなってしまうことがあるので、必要ではないときには削るようにしましょう。

●かかり先が曖昧

　かかり先が曖昧とは、**修飾する言葉と修飾される言葉の関係がわかりづらいこと**です。本多勝一氏の『〈新版〉日本語の作文技術』（朝日新聞出版）でわかりにくい文章として「私は小林が中村が鈴木が死んだ現場にいたと証言したのかと思った」という例文を紹介しています。ここまで極端な例はめずらしいとは思いますが、修飾語がどこにかかっているのかわかりづらい文章は意味が伝わりづらくなるため、かかり先を明確にしましょう。また、指示語（こそあど言葉）は何を指しているのかわかりづらいことがあるため、図表45のように具体的な言葉に置き換えるほうがわかりやすくなります。

●必要な語句の不足

　最後が必要な語句の不足です。たとえば、「問題を解決するために企画を立てます」だと、主語がなく目的語が曖昧であるため

大きな赤い帽子の男の子 大きな赤い帽子をかぶった男の子

 赤い帽子をかぶった大きな男の子

昇格の撤回を議論している。それが必要かという意見があるため、この妥当性を検討したい。 昇格の撤回を議論している。昇格の撤回が必要かという意見があるため、昇格基準の妥当性を検討したい。

■ 図表45　かかり先が曖昧なメッセージの改善と指示語の具体化

誰が何をするのかわかりません。「田中さんが９月の受注率低下を改善するために、現状分析結果と施策案を来週のミーティングまで用意します」であれば明確になります。**主語や目的語を飛ばしたり、情報を不足させたりしないように気を付けましょう。**

　具体的に表現する内容に共通しているのは、解釈が分かれる曖昧な表現に具体性を与えて解釈の幅を狭めたり、冗長な表現を削ったりすることで、より伝えたいメッセージの要点を明瞭にすることです。これらを参考に具体性を向上させたメッセージを作成してみましょう。

ドキュメントを構造化する

　ハンドブックのようなドキュメントは、**適切に構造化することでほしい情報がどこにあるか把握しやすくなります。**これによって情報へアクセスする際の心理的なハードルが下がり、チームメンバーは誰かに質問するよりも、まずドキュメントで調べてみよ

うと考えるようになるでしょう。

　また、構造化によってメンテナンスがしやすくなることからドキュメント品質の向上にもつながり、ドキュメントが活発に利用されるカルチャーを育て上げることにもつながっていきます。

　ドキュメントの構造化とは、物事の全体を定義した上で構成要素に分解し、その関係性を整理する取り組みのことです。たとえば、ハンバーガーについてドキュメントを作成するならば、図表46のような構造になるでしょう。

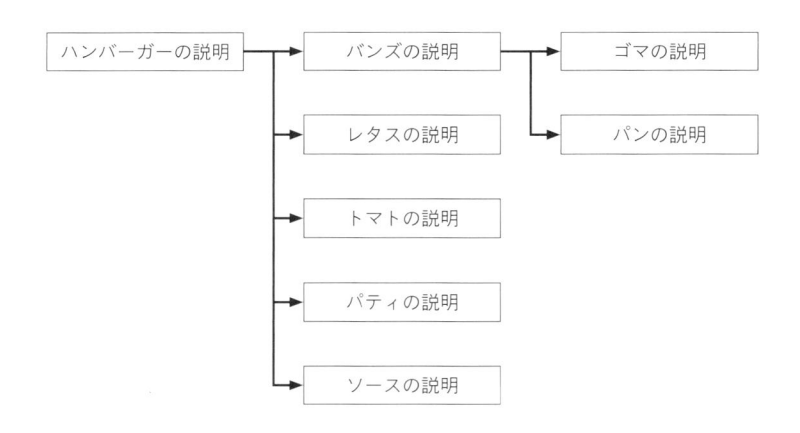

■図表46　ハンバーガーに関するドキュメントの構造化

　ビジネスで厳密に構造化を用いる場合には、コンサルタントがやるようにピラミッドストラクチャーなどを用いてMECE（漏れなくダブりなく）に物事を整理することが一般的です。

　しかし、**ハンドブックのようなドキュメントの場合は、そこまで厳密に構造化を行う必要はありません**。ハンドブックは会社に関係すること全般を扱うため、１つの切り口で単純に構造化でき

ないためです。たとえば、「GitLab Handbook」では「GitLab Values」と「プロダクト開発フロー」が同じ階層に並んでいます。価値観に関する情報とプロダクトの情報は異なる切り口であるため、MECEにはなりません。しかし、より上位にまとめるカテゴリーがないため最上位のレイヤーはこれで問題ありません。トップページの階層はMECEである必要はありませんが、同じカテゴリー内のレベルでは構造化を意識するようにしましょう。

とはいえ、気負う必要はありません。違和感や使いづらさがあれば議論して整理すればいいのです。すべては下書きというスタンスで大丈夫です。

ハンドブックを作成するのであれば、まずは「GitLab Handbook」の構造をそのまま流用するところから始めることをお勧めします。「GitLab Handbook」のトップページでは次のようなカテゴリーに分類しており、関連する情報をそのサブカテゴリーとしてまとめています（図表47）。

- Company（企業情報）
- Handbook（ハンドブック）
- People Group（人事）
- Engineering（エンジニアリング）
- Security（セキュリティ）
- Marketing（マーケティング）
- Sales（セールス）
- Finance（財務）
- Product（製品）
- Legal and Corporate Affairs（法務・管理業務）

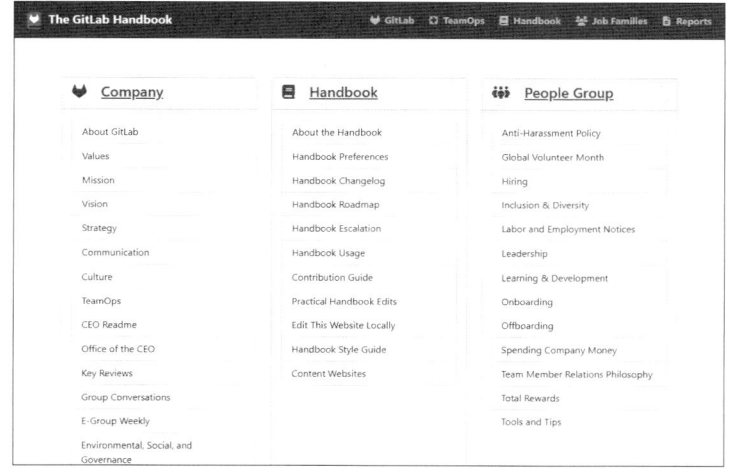

出典：https://handbook.gitlab.com/

■ 図表47 「GitLab Handbook」のカテゴリーとサブカテゴリー

　第1階層は「GitLab Handbook」を参考に作成したとして、ハンドブックを作る際に下の階層はどれくらいの階層数が適切なのでしょうか。「GitLab Handbook」を見ると、おおむね3階層までに収まっており、4階層目までいくと個別のトラブルシューティングやレアケースについての解説となっています。必ずしもこの通りにする必要はありませんが、階層が深くなり過ぎるとアクセスしづらくなってしまうため、**目安として4階層までに収めておく**のが良さそうです。

　実際にハンドブックを作り始めてみると、階層は各ドキュメントの統廃合を繰り返して最適な形を模索していくことになるはずです。最初期は、第1階層に関連するドキュメントをサブカテゴリーにどんどん追加していきましょう。追加されたドキュメントの中で、似たようなテーマを扱っているドキュメントがあれば1

つのドキュメントにまとめたり、ドキュメントの中でも関連する情報の近くに移動させたりします。関連する情報に相互にリンクを張ることも効果的です。

こうした行動を「**凝集性を高める**」という観点で見るようにしましょう。ドキュメントをメンテナンスする際には、関連する情報が散らばっていないか、図表48のように凝集性を高めることはできないかという観点でチェックしてみましょう。関連する情報を統合し、より見つけやすく、たくさんの情報が得られる構造に整えていきましょう。

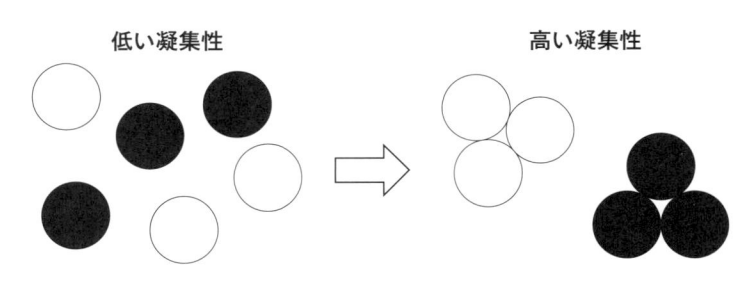

○＝テーマAに関連するドキュメント
●＝テーマBに関連するドキュメント

■**図表48　関連する情報を集約することで凝集性を高める**

表現は完璧である必要はない

この章では、ドキュメントの伝わりやすさを向上させるためのノウハウや考え方について説明してきました。

タイトルの付け方から曖昧な表現を避けること、構造化など幅

広い内容を扱ってきたため、ハードルが高いと感じてしまった人もいたかもしれません。

　しかし、誰しもはじめは完璧にできるものではありません。まずは気軽にドキュメントを作成してみましょう。これにより、周囲からのフィードバックによって改善しスキルを磨いていけます。これを続けていくことで、いつの間にか自然と伝わりやすいドキュメントを作成できるようになるはずです。

　したがって、まずは本章で説明している内容を試してみながらドキュメントを作成してみましょう。公開することで周囲の目に触れ、周囲から「これはどういう意味？」と聞かれたら、ドキュメントをより具体的にわかりやすく改善し続けていけば良いのです。

第3部

シーン別のドキュメント作成に対応する

GitLabでは、図表49のようにさまざまなコミュニケーション手段を活用してコラボレーションを実現しています。再利用されるべき情報は、最終的に**「信頼できる唯一の情報源」としての特性を持つドキュメントに保存することを意識すること**で、組織全体の長期的な効率性を向上させることができます。ただし、「信頼できる唯一の情報源」としてのドキュメントは、アジリティ（機敏性）に欠ける傾向があるため、状況に応じて適切なコミュニケーション手段を使い分けなければなりません。

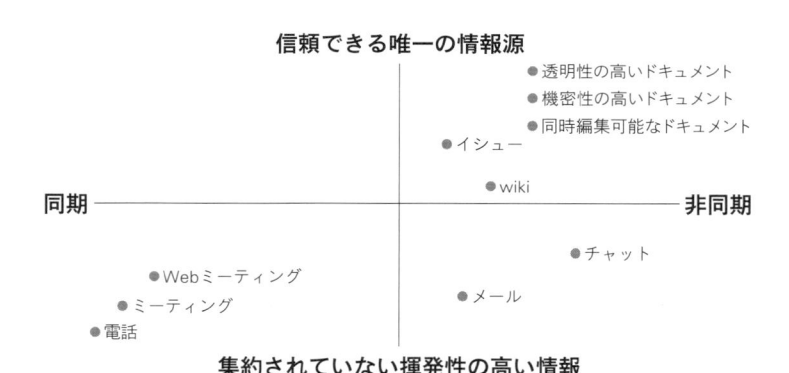

出典：「GitLab社に学ぶ！組織の自律自走を促すコミュニケーション」
（https://www.utokyo-ipc.co.jp/movie/live12/）抜粋して、筆者編集

■ **図表49　GitLabで活用されているコミュニケーション手段と特性**

第3部では、実際にGitLabで使われているドキュメントの作成方法について解説します。

世界中のメンバーが時間や場所にとらわれずコラボレーションするために、ハンドブックのような透明性の高いドキュメントやイシューのようなエンジニアにはなじみのあるドキュメントを活

用しているのはGitLabの特徴といえるでしょう。

こうしたユニークなドキュメントに対しては、面白いと魅力を感じても、どうやってそれを作成したらいいのかはイメージがつきづらいかもしれません。第3部ではこうしたハンドブックやイシューなどの独特なドキュメントの作成方法や活用方法について解説をしていきます。

また、GitLabではSlackなどのチャットツールやメールといった一般的な企業が活用しているコミュニケーション手段も当然利用していますが、フルリモート環境でのこうしたテキストコミュニケーションには効果を発揮させるためのノウハウが存在しています。このあたりのノウハウがないために、リモート組織に移行した企業がチャットのコミュニケーションがうまく活用できずに悩んでいるケースも目にすることがあります。効率的なコラボレーションをするためのチャットツールやメールの使い方についても見ていきましょう。

さらに、仕事を進める上でミーティングは避けられませんが、ミーティングのアジェンダの作成方法や議事録の取り方も自己流になっている方が多いのではないでしょうか。GitLabでは、効率的なミーティングをするためのアジェンダの作成方法が存在していたり、議事録を参加者全員で作成するライブドキュメントという方法が用いられていたりします。こうしたミーティングに関連するドキュメントについても新しい発見があると思います。

第3部では、このようなさまざまなシーン別のドキュメントを実際に作成し、活用するための方法について見ていくことで、皆さんが実際に職場で効率的なドキュメントを作成できるようになることを目指していきます。

第**9**章

ハンドブックの
ドキュメント作成

ハンドブックを作る目的

　ハンドブックはチームの公式ルールを集約した、組織運営の基盤となるドキュメントの集合体です。ルールが言語化されていることで、チームの中に共通言語と安心感を作り出すことができます。

　一方でハンドブックを作るために暗黙のルールやさまざまな場所に存在している情報をドキュメント化して集約するのは気が重く、骨の折れる作業です。しかし、ドキュメント化しなければ、時間が経つごとに暗黙化されたルールは増え続け、見解の相違が発生し、情報の隠蔽やルールから逸脱した行為が起こりやすくなってしまいます。そのため、GitLabはハンドブックを作成することは売り上げやチャーンレートと同じくらい重要なテーマであると述べています。

　ハンドブックを作成する目的は、**組織運営において透明でフェアな意思決定を維持すること**です。ハンドブックが存在することで解釈の違いを乗り越え、どこに住んでいるどんなチームメンバーであっても必要な情報に簡単にアクセスできます。

　また、ハンドブックに情報が集約されることによって、必要な情報を得るために質問や会議を開催したり、何度も質問と説明が繰り返されたりするといった時間や労力をかけなくても良くなります。

　さらにハンドブックによる意思決定が根付くと、経営者と仲が良い人や発言力の強い人の意見が尊重される状況を避けられるようになるため、根回しやコンセンサスに時間をかけるよりも本質的な議論に向き合えるようになります。

このように、ハンドブックを作成してきちんとした運用がなされれば、時間や人件費、労力といった企業にとって重要なリソースを本質的な課題に集中させることができます。それによってより効率的に顧客の成果に向き合い、そこから得られたフィードバックを活用して前進を続けられるようになるでしょう。

SSoTとしてのハンドブック

　ハンドブックはSSoT（Single Source of Truth：信頼できる唯一の情報源）であると説明してきました。ハンドブックをSSoT化するためには、次の項目を実施します。

- ●ハンドブックをSSoTとする宣言と合意
- ●情報を集約する
- ●同じ内容を複数存在させない
- ●最新情報に保つ
- ●ドキュメントの品質に責任を持つ人を決める
- ●誤った情報や不確実な情報を修正する

●ハンドブックをSSoTとする宣言と合意

　ハンドブックをSSoT化するためには、**まずチームとしてコミットすることを宣言し、合意を得なくてはなりません。**

　そのためにハンドブックをSSoTとすることを全社や運用するチームの共通認識として設定します。可能であれば経営者がハンドブックをSSoTとする責任者（全社運用の場合は代表が望ましい）を定め、ハンドブックに書かれたルールで組織運営を行い、

ハンドブックに書かれていないルールによって物事が決定しないことを宣言します。そして、ハンドブックに書かれていない事柄に出会うたびに、ハンドブックに新たにどのように意思決定するのかルールや運用を記載し、同じ状況が発生したときに迷わないようにハンドブックを育てていくことを約束します。

この共通認識がチーム内で合意できていないとハンドブックは意味を成しません。合意した上で遵守され続けることによってハンドブックはSSoTとして最大限の効果を発揮していきます。GitLabはこうした進め方を「**ハンドブックファースト**」と呼んでいます。

●情報を集約する

次に行うのが情報の集約です。SSoTとして機能させるために、**ハンドブック以外の場所に公式のルールが記載されていないようにします**。GitLab、Notion、Googleドキュメント、ローカルファイルなどに情報が分散していては効果的なドキュメント活用は困難です。

ハンドブックをどのツールで運用するのかを決定し、そのツールに情報を集約します。ハンドブックを作成する際にはwikiで作りたくなる気持ちになりますが、GitLabはメンテナンスなどの観点から推奨していません。代わりに、GitLabやAlmanac[1]を使ってハンドブックを作成することを推奨しています。

会議の議事録など、ハンドブックと直接関連しないドキュメントは別のツールに格納して問題ありません。しかし、そうした場合にも活用するツールは最低限にとどめ、議事録はGoogleドキュメントに集約するなど迷わないように設定します。さらに、Googleカレンダーの会議スケジュールから飛べるようにするな

ど、アクセスのしやすさは意識するようにしましょう。

●同じ内容を複数存在させない

　同じ内容を複数存在させないとは、**ハンドブックの中に同じ内容を説明するドキュメントを作らないようにするガイドライン**です。たとえば、GitLab Valuesを紹介するドキュメントに「イテレーション」についての詳しい説明があり、会社のカルチャーを紹介するドキュメントにも「イテレーション」についての詳しい説明があるとします。会社の運営を続けるうちに、イテレーションに関連する情報がアップデートする必要が生じた場合、どちらかの更新が漏れてしまうと古い情報が残ってしまい、どちらを参照したらいいのかわからなくなってしまいます。たとえ漏れなかったとしても、どちらも更新するのは二度手間です。

　こうしたケースを避けるために、同じ情報はどちらかのドキュメントに集約します。イテレーションの場合は、GitLab Valuesに関連する情報ですから、そちらに集約するべきでしょう。カルチャーのドキュメントからはイテレーションの解説を削除し、GitLab Valuesのイテレーションの項目のアンカーリンクを張るようにして、GitLab Valuesのイテレーションの項目に簡単に飛べるように設定します。

　これによって、GitLab Valuesのドキュメントページのイテレーションの項目を更新するだけで、イテレーションを参照している他のドキュメントも最新の公式な情報を活用できるようになります。

●最新情報に保つ

　最新情報に保つのは、当たり前のようでいて重要な観点です。

ドキュメントに記載されている内容が古いままだと、それを参照した業務が間違ってしまったり、やり直しが発生したりする可能性があります。

　また、古い情報がそのまま残っている状況を見かけると、ドキュメントを更新しなくてもいいような錯覚を覚えてしまい、メンテナンスが徹底されなくなってしまいます。これは「割れ窓理論」とも呼ばれています。ドキュメントの責任者は定期的に最新情報になっているかチェックするようにしましょう。

　GitLabの場合は、ドキュメントやプロセスを見直して、効率化や簡略化できないかを全体で見直すイベントを定期的に実施しています。少なくとも年に一度、可能であればQや半期単位で、チーム全体で実行することが望ましいでしょう。改善した人を称賛したり、何か景品を用意したりするなど、イベントとして盛り上げるとより改善活動が進むはずです。

●ドキュメントの品質に責任を持つ人を決める

　GitLabでは、**各ドキュメントにメンテナンスする人（メンテナー）を任命し、メンバーからのマージリクエスト（修正や追加の提案）を受け入れてドキュメントに反映しても良いか意思決定をしています**。Notionなどを活用する場合には、コメントを付けるか修正したドキュメントをメンテナーに確認するのが良いでしょう。メンテナーはドキュメントの品質に責任を持っているため、間違っている情報や古い情報がないか定期的に見直すようにします。

●誤った情報や不確実な情報を修正する

　ドキュメントの品質を向上させるのはメンテナーだけの責任に

するべきではありません。ドキュメントを活用するすべてのメンバーが誤った情報や不確実な情報を修正する責任を負うことで、使いやすく品質の高いドキュメントを実現できます。

ドキュメントを新しく作成する際には、ライティングをしている人の思い込みによって、他の人にとっては十分でないドキュメントを作成してしまうことがあります。書き手にとっては当たり前だと思っていることが、他の人にとってはそうでないことがあるのです。

そうした際には、よくわからないと感じた読者がSlackなどで質問し、得られた文脈をドキュメントに追加します。これによって思い込みが補完され、より多くの人にとって価値のあるドキュメントに改善できるでしょう。

このような方法を徹底することで、ハンドブックをSSoTとして効果的に活用できるはずです。

ハンドブックのテンプレート

ハンドブックを作成しようとする際には、テンプレートを活用することを推奨します。

『**Suddenly Remote Handbook**[2]』という、「GitLab Handbook」をベースにしたテンプレートが用意されています。こちらを活用すれば、本格的なハンドブック運用を始められるようになります。

『Suddenly Remote Handbook』はGitLabを用いてハンドブックを作成するためのテンプレートですので、ここでは実際に

GitLabを用いたテンプレート活用の方法について説明していきます。なお、GitLabを活用するハードルが高い方に向けては、他のハンドブック作成方法について後ほど解説します。

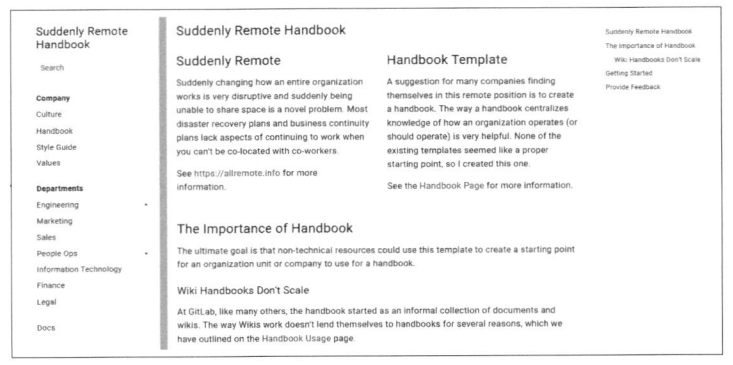

出典：https://handbook.brownfield.dev/

■図表50　Suddenly Remote Handbook

GitLabを活用したテンプレートの利用方法は以下の手順です。

①GitLab.com アカウントを作成する
②会社またはチームのグループを作成する
③グループに新しいプロジェクトを作成する
④[Import project] → [GitLab export]を選択する
⑤Suddenly Remote Handbookのページから[handbook-project-export.tar.gz]をダウンロードする
⑥ダウンロードしたファイルを新しいプロジェクトにインポートし、プロジェクト名を付ける
⑦初期設定は[private]になっているので、全体に公開する場合は[public]にする

⑧[README.mb]の指示に従って設定を完了させる

⑨サンプルコンテンツを削除し、独自コンテンツに置き換える

　手順通りに作業すればハンドブックの運用はスタートできます。まずは小規模なチームから始めて運用の手ごたえやポイントをつかむようにしましょう。

テンプレートを用いずに ハンドブックを作成する

　『Suddenly Remote Handbook』とGitLabの組み合わせは、ハンドブック運用をする上では理想的です。

　GitLabでのハンドブック運用方式は、一度ソースコードから静的ページを生成するプロセスを構築すれば、基本的にGitLab.comなどのWebブラウザ上で完結します。実際にGitLab社ではエンジニア以外のHRやマーケティングチームのメンバーも、このプロセスを使ってハンドブックを更新しています。

　しかし、GitLabを日常的に利用している人やソフトウェア開発の経験がある人にとっては、マージリクエストを通じたレビューと統合のプロセスは理解しやすい一方で、一般的な知識とは言い難く、すべてのメンバーがこの運用を理解するのには一定の学習コストがかかってしまいます。全員にこのプロセスを学ばせるのもひとつの方法ですが、チームによっては、ツールの工夫で学習コストを軽減するほうが適しているかもしれません。

　特に、Gitのブランチ管理やCIによる自動ページ生成、マージリクエストを通じた変更提案といった技術的な概念を理解する必要があるため、エンジニア以外には直感的に扱いにくい部分もあ

ります。GitLabにおけるハンドブックはコミュニケーションの基盤であり、技術的なハードルがあることでその運用が遅れるのは非常にもったいないことです。

そこで、ハンドブックを効率的に運用するための要件を整理し、学習コストを抑える代替案についても提案していきます。

ハンドブックの適切な運用をするためには、次の4つの要素を押さえるようにします。

- **OSSのように誰もが修正の提案ができる**
- **レビューと承認を経て変更が反映される**
- **修正箇所単位ではなく、変更全体の差分が確認できる**
- **閲覧モードがあり、参照しやすい**

●OSSのように誰もが修正の提案ができる（Everyone can contribute）

ハンドブックを活用する理由は、多様な視点から組織の共通ルールを決定し、解釈の幅を狭めることで、円滑なコラボレーションを実現するためです。そのため、**誰もがドキュメントを改善できる機会を見つけ、共通の見解として反映できる修正を提案する**必要があります。

もし修正の提案が特定の個人に限定されてしまうと、その人の視点しかルールに反映されず、多様な意見を反映できません。ハンドブックは、誰でも修正の提案ができる仕組みにすることで、多様な視点から改善の機会を発見しやすくするべきです。

GitLabのハンドブックでは、ソフトウェアのオープンソースプロジェクトと同様に、誰でもマージリクエストを使って修正の提案を行うことができます。これにより、提案の間口を広げ、提

案内容やそのやり取りも全世界に公開されます。特定の人物だけが文書を変更し続けることは労力がかかるだけでなく、文書が形骸化するリスクもあります。そのため、OSSのように誰でも修正の提案ができる（通常の企業では社内メンバー全員が可能な状態）のは、ハンドブックを継続的に更新し、活用していくために重要な要素です。

●レビューと承認を経て変更が反映される

誰もが修正の提案ができる一方、個人のノートツールのように簡単に変更が反映されてしまう方式では、信頼のある情報源ではなくなってしまいます。不確かな情報が記載されてしまったり、公正でないルールが認められてしまったりすることになるかもしれません。

そのため、**ページごとに編集権限を持つメンバーを設定できるようにし、さらに変更を加える際には、レビューと明示的な承認を与えるフローが望ましい運用**だといえます。これにより、ドキュメントの信頼性と地位を確立させることができます。

●修正箇所単位ではなく、変更全体の差分が確認できる

GitLabのハンドブックにおける変更要求は、軽微な修正や誤記を修正する場合を除いて、全体の整合性を取るために単一ページの複数箇所、もしくは複数ページの複数箇所を同時に変更することがあります。これは、実際の「GitLab Handbook」やGitLabの技術ドキュメントのマージリクエストの変更履歴をチェックしてみるとよくわかります。このため、オフィスツールのように特定の行やパラグラフ単位での変更差分しか確認できないことは問題があり、**関連する複数の修正箇所をまとめて確認できる機能が**

必要です。

　これによりレビューするメンバーは、複数箇所の変更差分の全体像や整合性を把握しながらレビューができ、仮に前の状態に戻す必要があった場合にも漏れなく正しく戻せるというメリットがあります。

●閲覧モードがあり、参照しやすい

　ハンドブックを編集する場合と閲覧する場合で、それぞれに適したUIを持っているという視点も、ハンドブックを効率的に運用する上では見逃せない視点です。

　閲覧に適していないUIのドキュメントを読むことはストレスですし、そうした積み重ねがドキュメント文化を浸透させる上での障害になってしまうこともあります。Googleドキュメントなどのように編集モードと閲覧モードが一体化している場合、編集権限がある場合には誤って編集してしまうこともありますし、閲覧専用で読んだとしても一般的に見やすいとはいいづらいです。

　これら4つの要素を押さえられれば、他のツールを活用してもハンドブックの運用は可能になるでしょう。代表的ないくつかのツールについて、図表51で比較をまとめています。

　GitLabの推奨するGitLabやAlmanacは基本的な機能をすべて有しており、ハンドブック運用として最適です。その一方でエンジニア以外のメンバーも運用するとなるとプロセスを理解するために一定の学習が必要になります。

　wikiやNotionといったドキュメントツールを活用する場合には、ドキュメントに情報を反映させる際にレビューと承認といった機能が基本的に備わっていないことに注意が必要です。内容の

	Suddenly Remote Handbook + GitLab	Almanac	wikiなど	オフィスツール
OSSのように誰もが修正の提案ができる（Everyone can contribute）	○	○	○	○
レビューと承認を経て変更が反映される	○	○	×（変更権限の設定は可）	○
修正箇所単位ではなく、その変更要件全体で変更の差分が確認できる	○	○	○（変更要件全体に対するコメントの付与も可能）	×（修正箇所単位の変更）
閲覧モードがあり、文書として参照しやすい	○	○	○	×（編集権限を与えないことで閲覧モードにはなるが、一般的には見やすくはない）
学習コスト	高	中	中	低

※2024年10月時点

■ 図表51　ハンドブック作成ツールの比較

　誤りが望ましくないドキュメントを作成する場合には、そのドキュメントの責任者を文章の最初の段落に明示するなど、責任者に確認を取った上で編集するようにするといった運用上の工夫が必要になります。

　Googleドキュメントなどのオフィスツールの場合は、提案モードを用いることでレビューや承認を受けることができます。しかし、修正箇所の差分記録が細かくなること、一般的には閲覧に適していないUIであることからドキュメントの品質を維持して、十分に活用するためには努力が必要になるでしょう。

　いずれのツールを活用するにせよ、ドキュメント文化を浸透させ、運用ルールを徹底するように責任者を任命するなど、運用に留意するようにしていきましょう。

第10章

アジェンダの作成

アジェンダを作るべき 2 つの目的

アジェンダとは、会議の議題や会議内で話された議事録が集約されたドキュメントです。GitLabでは、「すべての会議にはアジェンダを付けるべき」としており、アジェンダがないなら会議をしないと明言するほど運用方法も徹底しています。

アジェンダの目的は 2 つあります。ひとつは**会議を効率化すること**、もうひとつは**後から議論された内容を誰でも確認できるようにすること**です。

GitLabの場合は、会議中に参加者全員でアジェンダに記載する「**ライブドキュメント**」と呼ばれる運用を行っています。話しているメンバー以外の手の空いたメンバーがリアルタイムに議事録を埋めたり、自分の思っていることを記載したりしていきます。

これによって会議で話された内容が確実に漏れなく記録されるようになり、会議参加者がより会議に集中できるようになります。また、会議中に話を聞きながら考えていることをアジェンダに記載できることで、いきなり発言するよりも緊張感やハードルが緩和されます。書いた内容を整理して説明できるようになるため、発言が増え、活発な会議へと変わっていくでしょう。

会議中に語られた内容がコンテクストまでしっかりと記録されることによって、会議に参加しなかった人にとっても後からどんな議論が行われたのか把握でき、時間が経ってから当時の様子を振り返りたいと思ったときにも効果を発揮します。

このようにライブドキュメントによるアジェンダ作成は、会議をより建設的に効率化し、会議に参加しなかった人や後から議論を確認したい人にとっても価値あるドキュメントにできます。

アジェンダのテンプレートと書き方

　アジェンダは、図表52のようなテンプレートを活用して作成します。

```
1. 会議タイトル
2. コンテクスト
    スライドや動画へのリンクなど、可能な限りコンテクストを提供する
    事前情報
    会議の目的：
    会議で目指すアウトカム：
3. 日付［2024-12-18］
4. 出席者
    1. フルネーム
    2. フルネーム
    3. フルネーム
5. アジェンダ
    1. フルネーム：メッセージ
    2. フルネーム：メッセージ
    3. フルネーム：メッセージ
```

出典：GitLab's Agenda Template を参考に著者作成
URL：https://handbook.gitlab.com/handbook/company/culture/all-remote/live-
　　　doc-meetings/

■ **図表52　アジェンダのテンプレート**

　実際に記載している例としては、図表53のようになります。
　会議の72時間前（最低でも24時間前）にはアジェンダを作成し、アジェンダがある人はコンテクストを提供するための事前資料と議題内容を記載しておきます。アジェンダは番号付きリストを使用します。会議の参加者や会議に参加できない関係者は、アジェンダに目を通してあらかじめコメントを記載しておきます。これ

> 1. マネジメントスキルの改善について
>
> 2. コンテクスト
>   組織サーベイ結果へのリンク
>   マネジメントスキル不足の分析とトレーニングコンテンツ概要資料へ
>   のリンク
>   会議の目的：マネジメントへの不満を解消するネクストアクションを
>   決定する
>   会議で目指すアウトカム：ネクストアクションと実施時期の決定
>
> 3. 日付〔2024-12-18〕
>
> 4. 出席者
>   1. Kazuhiro Chida
>   2. Ichiro Suzuki
>   3. Taro Tanaka
>
> 5. アジェンダ
>   1. Kazuhiro Chida：トレーニングコンテンツの改善と1月実施のスケ
>   ジュール決定
>   a. Ichiro Suzuki：クルーシャルカンバーセーション研修も合わせて
>   実施するべきではないか
>   b. Taro Tanaka：評価の時期とも被るので12月から実施できないか

■ 図表53　アジェンダの記載例

によって、会議の開始と同時に議論をスタートできます。テーマ
が複雑な場合は、アジェンダのオーナーが1〜2分で簡単に説明
することもありますが、背景説明にあまり時間をかけないように、
あらかじめコンテクストを提供しておくことが重要です。

　会議中にはライブドキュメントを行い、**参加者全員がアジェン
ダにメモや情報を追加します**。誰かが話しているときには、話し
ていない人が記述するようにしましょう。また、アジェンダに記
載する内容は、誰が言ったかわかるように冒頭に発言者をフルネ

ームで記載します。メモは適切にインデントを使って構造化します。

　アジェンダに対する質問を書かれている順番に上から処理することによって、発言力の大きい人が優先されず、チーム全体の参加意欲を高められます。

　アジェンダは第6章の「イテレーション」のところで説明した通り、常にプロポーザルを記載します。参加者の意見を集めてコンセンサスを取るための会議ではなく、具体的なアクションをブラッシュアップするためのアジェンダを作成する会議にします。どうしても具体的なアクションが思い浮かばなかったときには、検討した解決策を説明して、そこから議論をスタートしましょう。

ミーティングノート（議事録）の書き方

　アジェンダを作成したら、スケジューラーのミーティング予定にドキュメントのリンクを張ります。Googleカレンダーの場合は、スケジュール予定の備考欄に「会議メモを作成」というボタンがあり、これを押すだけでドキュメントが作成できるので便利です。

　このアジェンダが記載されたドキュメントに**ミーティングノート（議事録）**を記載します。忘れがちですが、オフラインでミーティングを実施する場合でも、必ずミーティングノートを作成するようにしましょう。

　ミーティングノートもライブドキュメントのやり方は変わりません。ミーティングで話しているメンバーもそうでないメンバーも全員で、ミーティングノートを取ることに協力します。

　新人や若いメンバーに暗黙の了解としてミーティングノートを

作成させる場面があるかもしれませんが、ベテランのメンバーこそ率先してミーティングノートを作成するべきです。知っている情報が多いので文脈を補足することもできますし、ベテランが議事録を作成する様子を見て他のメンバーも積極的にライブドキュメントに参加するようになります。

また、ミーティングの最中にURLを共有したいと思った際には、Google MeetやZoomなどのチャット欄を活用するのではなく、ミーティングノートに記載します。チャット欄に記載されたURLは会議が終わると見られなくなってしまうため、永続性のあるミーティングノートに記載することが重要です。

ミーティングノートには、アジェンダ以外の質問事項やディスカッションしたいトピックを記載しておくこともできます。ミーティング中に後だしでトピックを出すのではなく、あらかじめ記載しておくことでより質の高い議論ができるので、事前に記載しておきましょう。

ミーティングノートを記載するハードルを下げるために、テンプレートを活用することもお勧めします。その他ライブドキュメントミーティングのベストプラクティスについては、「GitLab Handbook」の「GitLab Meeting Best Practices: Live Doc Meetings[1]」にテキストと動画で紹介されています。

第11章

レポートのドキュメント作成

レポートを作成する目的

　レポート（報告書）とは、なんらかのテーマに対して調査・検証した結果を示すドキュメントです。

　レポートの目的は、起きた事実や検証した結果から何が考えられるかという示唆を他人にわかりやすく伝えることです。

　多くの場合、レポートは上司や同僚、顧客などに対して次の展開を説明するために作成します。そのため、**レポートの内容は相手の理解を促すように工夫し、目指す方向への協力や了承を得るための影響力を発揮させなくてはなりません。**

　他人に影響力を及ぼすためには、適切なドキュメントの組み立てによって「説得力」を持たせる必要があります。「私が好きだからやりたい！」「私の直感が正しいと言っている！」と言っても人を動かすことはできません。レポートを書くのが苦手な人は、図表54のテンプレートを活用して、ファクトとオピニオンを切り分けてレポートを作成するように意識してみましょう。

　効果的に伝わるレポートが作成できるようになれば、業務が効率的に進められるだけでなく、わかりやすいレポートが作成できる人として評価されるでしょう。

レポートのテンプレートと書き方

　レポートを作成する際には、図表54のようなテンプレートを活用して作成してみましょう。

```
1. レポートの目的

2. 概要（オピニオン）

3. イントロダクション（オピニオン）

4. データの収集方法や検証方法（ファクト）

5. 結果（ファクト）

6. 考察と今後の展望（オピニオン）
```

■ **図表54　レポートのテンプレート**

　実際に記載している例としては、図表55のようになります。

●レポートの目的

　「レポートの目的」には、**何を調査・検証するためのレポートなのかを記載します**。まだ明らかになっていない部分や解消しなければならない課題、検証したい仮説など、まったく状況を知らない人がレポートを読んでも、何を達成するために取り組んだことについて書かれているのか、コンテクストの大枠が理解できるように説明します。

●概要

　「概要」の項目では、**ドキュメント全体の趣旨を簡単にまとめた文章を3行程度で記載します**。レポートの目的を達成するためにどんなことを実行し、その結果どうなったのかを簡単にまとめるようにしましょう。その際には特に重要な示唆のあった結果について言及し、オピニオンとして結論を述べるようにします。

　たとえば、「新しい施策のデータを検証した結果、95%のユーザーのアクション率が向上した。よって、この施策は効果的と判断し、投資額を増やすべきである」のように、インパクトと結論

1. レポートの目的
   マネジメント研修の結果を振り返り、効果検証と今後の動きを決定する。

2. 概要
   マネジメント研修は知識のインプットに一定の効果があったが、マネジメントの実践にはまだ課題があることがわかったため、継続してフォロー施策を用意する必要がある。

3. イントロダクション
   2024年9月に実施した組織サーベイの中でマネジメントに対する不満が増えており、パフォーマンスやモチベーション低下につながり始めている。これは組織のメンバー人数が拡大してきている中で分業が進み、チーム化に伴ってマネジメントが必要になってきたが、マネージャーの経験が少ないため十分にマネジメントが行えていないからであると考えた。
   そこで10月にマネージャー向けの研修を実施した。マネジメントスキルを体系的に学ぶために、書籍と動画でインプットを行い、その後、テストを実施することで理解度をチェックし、全員テストを通過した。このドキュメントでは、マネジメント研修の結果を振り返り、今後の対応について方針を示す。

4. データの収集方法や検証方法
   マネージャー向けサーベイとメンバー向けサーベイを5段階評価（1：まったくそう思わない〜 5：非常にそう思う）を研修実施前と実施後でそれぞれ実施し、実施後の変化について調査した。

5. 結果
   マネージャー向けサーベイの結果では、「マネジメントの目的や手段が理解できた」という項目は、3.1から4.3へと大幅に向上した。その一方で、「マネジメントの手法を実践できる」という項目では、3.1から3.4へとわずかな向上にとどまった。
   メンバー向けサーベイでは、「メンバーの話を真摯に聞いてくれる」という項目が2.8から3.7に向上したが、「モチベートしてくれる（2.6から3.1）」「期待や優先度を明確に伝えてくれる（2.4から2.8）」と向上の余地が残る結果となった。
   参考：サーベイ結果へのリンク

6. 考察と今後の展望
   サーベイの結果、マネジメント研修はマネージャーがマネジメント理論を理解することには寄与したといえる。また、マネジメント理論がインプットできた結果、メンバーの状況を理解する態度を示すことが重要であると理解し、メンバーの話を傾聴するスタンスへと変わったことがメンバーの評価からもうかがえる。
   一方で、モチベーションを引き出したり、経営戦略の優先順位やメンバーへの期待を具体化して伝える行動に関しては経験が少ないため、どのように実行していいかわからない状況があると考えられる。

> よって、今後の展望としては、モチベートや優先順位、期待の伝え方に関する具体的な手法をレクチャーするとともに、マネージャーに対して経営戦略の状況をこまめに共有する場を設ける施策を実施する。

■図表55　レポートの記載例

をわかりやすいように記載することが望ましいでしょう。良い概要は、レポート全体を書き終わってからのほうが作成しやすいので、順番としては最後に記述することをお勧めします。

● イントロダクション

「イントロダクション」では、**可能な限り読者にコンテクストを提供することを目指します**。今回の調査・検証を行うにあたって、どんな経緯があって行うことになったのか背景を記載します。新しい施策など検証しようとしている仮説がなぜ妥当だと考えたのかというプロセスを説明しましょう。その上で、何を検証するのかゴールを述べてイントロダクションとします。

● データの収集方法や検証方法

「データの収集方法や検証方法」については、**仮説が正しいか間違っていたかを判定する基準を明らかにします**。たとえば、Webサイト上でのユーザー行動を活性化させることが目的であれば、ユーザーの行動がどれだけ増えたのか滞在時間や遷移数を計測することが重要でしょうし、業務効率化の観点ならば、作業時間がどれだけ短縮したかが大事になるでしょう。何をどのような形で計測し、仮説の検証を行うのか具体的な方法について説明します。検証項目の数は、明らかに検証できる基準が定められるのであれば1つでも構わないですが、複数の視点で検証できるよ

うにしたほうがより説得力のある内容になります。

●結果

「結果」の項目では、**計測した検証結果を説明します**。「データの収集方法や検証方法」で設定した項目が実際にどうなったのかを解説していきます。具体的な数字や実際に発生した出来事などを説明し、ファクトを説明するようにします。

●考察と今後の展望

「考察と今後の展望」に関しては、**得られた結果から仮説が正しかったことが立証されたのか、されなかったのか、それともわからなかったのかという結論を述べます**。なぜその結論になったのか考察を述べ、今後にどのような論点が残っており、どんな行動を取るべきかという新しい仮説を述べてドキュメントのまとめとします。

実際にレポートを書く際には、**「パラグラフライティング」を意識する**とより伝わりやすい文章となります。パラグラフライティングとは、1つの話題に対して1つの「パラグラフ（文章のまとまり）」を作り、先頭の一文に最も重要な文章を置く書き方です。この先頭の重要な一文のことを「トピックセンテンス（話題文）」と呼びます。トピックセンテンスを補足する文を「サポート文」と呼び、サポート文によって補足してから最後に結論文でまとめる形式がパラグラフライティングです。

パラグラフライティングが上手に活用できているドキュメントの場合、各パラグラフのトピックセンテンスを抜き出してまとめるとそれだけで概要文を作ることができます。概要を最後に作成

したほうがいいと説明したのはこういった背景があるためです。ぜひレポート全体が書き上がったら、概要を作る際に活用してみてください。

元の文

昨年の改善施策は合計で15回行われたが、さほど大きな影響を及ぼせておらず、特に直近3カ月では毎月1％ずつ継続率が落ちている。この状態があと5カ月続くと、事業部の損益分岐ラインを割り込む可能性が出てきた。根本的な課題解決に踏み出さなくては事業存続が危ぶまれる状況となっている。

パラグラフライティング

事業存続のためには、抜本的な解決策が必要な状況である。 昨年の改善施策は合計で15回行われたが、さほど大きな影響を及ぼせておらず、特に直近3カ月では毎月1％ずつ継続率が落ちている。この状態があと5カ月続くと、事業部の損益分岐ラインを割り込む可能性が出てきた。抜本的な課題解決に踏み出さなくては事業存続が危ぶまれる状況になっている。

■ **図表56　パラグラフライティングへの変換**

第12章

Slackの
テキストコミュニケーション

GitLab社のテキストコミュニケーション

リモートワークが普及する中で、SlackやTeamsなどのチャットツールや、Google MeetやZoomなどのオンラインミーティングツールが定着し、オフィスだけで仕事をしていた時代に比べるとテキストコミュニケーションが活用される機会が増えました。

コロナ禍で半強制的にリモートワークに移行した時期には、テキストコミュニケーションの難しさに困惑した人も多かったと思います。テキストコミュニケーションに慣れている人であっても、伝えたいメッセージが意図とは異なって伝わってしまった、という経験があるはずです。

テキストコミュニケーションの難しさを感じた人たちは、テキストコミュニケーションよりも対面のほうがやりやすいと思ったはずです。これはよく考えてみれば当然のことです。大半の人にとって普通のコミュニケーションとは、表情や声のトーン、立ち振る舞いなどを活用した対面コミュニケーションです。つまり、人生を通じて対面コミュニケーションのスキルを磨いてきているわけです。いきなり、画面越しに慣れないテキストを活用したコミュニケーションをしろといわれても、はじめはうまくいかないのは当然です。このように考えてみると、テキストコミュニケーションが難しいといっているのは、単純にテキストコミュニケーションのスキルが磨かれていないからだと捉えることもできます。

GitLabはテキストコミュニケーションを活用することで世界中の2,000名を超えるメンバーがコラボレーションしている企業です。当然、テキストコミュニケーションのノウハウが蓄積されており、テキストコミュニケーションに慣れていない人にスキル

を習熟させてきた実績も豊富です。

　GitLabのノウハウを学ぶことによって、効率的なテキストコミュニケーションを身につけていきましょう。

Slackの使い方

　GitLabはSlackをメインにテキストコミュニケーションを行っていますが、以下の目的でSlackを活用するように説明しています。

- 社内限定のコミュニケーションとアナウンス
- 非同期のチームスタンドアップ
- 質問・迅速なコラボレーション
- インフォーマルコミュニケーション

●社内限定のコミュニケーションとアナウンス

　まず、Slackはチームメンバーに向けたアナウンスやメッセージを伝えるために活用します。この際には第6章の「効率性」のところで語った通り、**短く端的なメッセージを発信するようにします**。『ハーバードビジネスレビュー』の記事[1]によると、文章が長くポイントがつかみづらいアナウンスを送ってしまうと、リーダーの有能な印象やメッセージの信頼性を損なってしまいます。また、伝えたかった意図とは異なるメッセージが伝わってしまう可能性も出てきてしまうため効果的ではありません。アナウンスのメッセージはシンプルに、5W1Hを意識して発信するようにしましょう。

　また、GitLabの場合は、全体告知用のチャンネルを用意して

おり、アナウンスのメッセージが通常の業務にとってノイズにならないように区別する工夫もされています。これによって、アナウンスのメッセージを見るために作業を中断する必要がなくなり、時間があるときに集中力を欠くことなくメッセージを確認できるようになっています。

ニュースレターやチームの最新情報の共有をする場合にも、アナウンスと同様にシンプルなものを心掛けます。最新の情報はハンドブックやドキュメントに詳しく記載するようにして、Slackでは簡単なサマリーとドキュメントへのリンクを張るなど、一目で伝えたいメッセージがわかる形にしましょう。

●非同期のチームスタンドアップ

チームスタンドアップとは、進捗状態を共有し、課題を発見するミーティングのことです。「昨日やったこと」「今日取り組むこと」「進捗を妨げている障害」などを共有し合います。日本でいえば、朝会という名称で実施している企業もあるのではないでしょうか。

GitLabのチームスタンドアップが朝会と違うところは、**「非同期」で行う**ところです。非同期で行うことで、タイムラインの異なるメンバーとも情報共有できますし、ログが残るため振り返るのも容易です。同期で行ったほうが適切なテーマの場合は同期ミーティングを行いますが、極力非同期にするのがGitLabのコミュニケーションの特徴です。

●質問・迅速なコラボレーション

GitLabでは自分で一通り調べてみてもわからないことがあったときには、Slackで質問することが推奨されています。

その際にはダイレクトメッセージでこっそり質問するのではなく、質問チャンネルなどの**オープンチャンネルで全体に対して質問します**。それに対して答えを知っている人が参考になるURLを共有したり、詳しく回答したりします。

　このようにオープンチャンネルで質問することで、幅広い人たちが対応できるようになるため、すぐに回答が得られます。また、質問者と同じように答えを知らない人も、Slackで質問と回答のやり取りを目にすることで、学びを得られます。

　もし、答えてもらった回答がハンドブックに記載がなかった場合には、回答してもらった質問者がハンドブックを更新して、次の人が同じ疑問を持った際にハンドブックを見ればわかるようにします。

　また、質問以外にも困っている課題や悩んでいることがあれば、Slackチャンネルに共有することでサポートを受けられるようにしています。支援できそうなメンバーが協力を名乗り出たり、解決できる専門家を紹介したりするなど、コラボレーションの促進にSlackを活用します。

● **インフォーマルコミュニケーション**

　インフォーマルコミュニケーションは、業務以外の気軽な会話を意味しており、家族や健康、音楽などの趣味を共有したり、交流の場にしたりするコミュニケーションです。同じ趣味の仲間でSlackチャンネルを作成して会話し合うことでつながりを感じられます。

　たとえば、GitLabでは音楽のチャンネルで楽器ができるメンバーがコラボレーションして、GitLabのオリジナルソングを作って公開するなど、共通の趣味の仲間ができることで居場所を感

じられるようにしています。仕事だけのつながりではなく、お互いが人間として尊重されていると感じる時間があることは、組織へのエンゲージメントや個人のメンタル向上につながります。

　以上がGitLabがSlackを活用する目的として挙げている項目です。また、その反対に次のような目的では利用しないように注意点も紹介しています。

- 承認を得る
- 決定事項の文書化
- 会社の公式記録やドキュメントの保管
- 個人情報や機密情報の共有

　GitLabでは、ハンドブックや指定したツールに公式情報を集約するために、Slackの情報は90日で削除されるように設定しています。したがって、証跡が必要な承認、決定事項や公式記録はSlackで扱うのではなく、SSoTとして活用しているドキュメントに記載し、Slackで周知する場合にはそのリンクを共有する形で活用するようにします。

　実際にSlack上での発言や言い回しの注意点は、第3章で説明したコミュニケーションガイドラインに従ってコミュニケーションします。思いやりや親密さは重要ですが、仲間だからといって無遠慮に何でも発言していいわけではありません。政治や宗教、性的な絵文字を使ったり、追加したりしてはいけませんし、不必要にプライベートに踏み込むのもいけません。お互いに良好な関係性を構築するために、プロフェッショナルとしてルールを守った配慮あるテキストコミュニケーションを徹底しなくてはなりま

せん。

　また、Slackなどのチャットツールでコミュニケーションを取る際には、複雑なテーマやセンシティブなテーマをテキストで行うのに適していない場合もあります。3度やり取りをしても決着が付かない場合には、直接ミーティングなどをセッティングして15分話したほうが良い結果になることも多くあります。

温かみのある感情を込める

　Slackなどのチャットツールでコミュニケーションを行う場合の注意点として、テキストメッセージは冷淡に見えるため思いやりのあるメッセージを作成するように解説をしてきました。

　円滑にテキストコミュニケーションを行うためには、思いやりで配慮するだけでなく、**表現の方法によってさらに温かみのある感情のこもったメッセージにすることも必要になります。**

　GitLabの場合は英語を前提としていますが、ここでは日本語でどうすれば温かみのあるテキストコミュニケーションができるかについても見ていきましょう。

　詰まるところ、テキストコミュニケーションが冷淡に感じるのは情報量が少ないからです。直接のコミュニケーションであれば、表情や声のトーンで相手の感情や意図を読み取れます。しかし、それが見えないテキストコミュニケーションでは、憶測によって意図を想像しなくてはなりません。

　このように情報量が少ないテキストコミュニケーションの中で、さらに情報量の少ない端的なテキストを送ることを想像してみましょう。相手がこちらに好意的でない、表情が見えない、冷淡な

結論しか伝えてこない。こうした状況で不安を加速させてしまうのは無理もないことでしょう。

そうであれば、解決策は簡単です。感情や意図の情報を加えてあげればいいわけです。感情の情報を加えるためのいくつかの方法をここでは紹介します。ひとつひとつの方法は、そんな単純なことで変わるのかと思われるかもしれませんが、劇的に感じ方が変わります。ぜひ試してみてください。

1つ目の方法は、**テキストメッセージに「感嘆符を付ける」方法**です。何かを依頼されたときに「了解しました」だけだと、少し不服があるかもしれないと感じませんか。それが「了解しました！」だと、ポジティブに受け取っているように感じられるはずです。

普段から感嘆符を付けたメッセージを送らない人にとっては、そこまで感情が動いていないのに感嘆符を付けることに抵抗感を覚えるかもしれません。しかし、テキストメッセージでは直接話すよりも情報量が欠けていることを思い出しましょう。テキストメッセージでは、図表57のように直接のコミュニケーションよりも1段階感情を上げたメッセージを送るくらいでちょうどいいのです。

ただし、「提出してください！」のように人に依頼する際に感

```
×「はい、わかりました」
○「はい、わかりました!」

×「それでお願いします」
○「それでお願いします!」
```

■ **図表57　感嘆符を付ける**

嘆符を付けると高圧的に見えてしまうことがあります。他人に何かお願いするときは、感嘆符を付けるべきか検討しましょう。

　2つ目は、テキストメッセージに**「絵文字を付ける」**ことです。絵文字は、対面でコミュニケーションしているときの表情やジェスチャー、声のトーンなどを簡単に伝えることのできる便利なツールです。これも感嘆符と同様にテキストメッセージでは書けてしまう情報を補ってくれます。直接話すときにするような表情や感情、ジェスチャーなどを絵文字で表現しましょう。

× 　先日お願いしていた申請を早めに出していただけますでしょうか。

○ 　先日お願いしていた申請を早めに出していただけますでしょうか🙏🙇

■**図表58　絵文字を付ける**

　最後は、他の人からのメッセージに対しての**「リアクションを派手にする」**ことです。たとえば、Slackでセールスチームが目標達成をしたと報告していたとします。あなたは画面越しで「おお、すごいなぁ」と思っているかもしれませんが、Slack上で何もリアクションをしなければ、セールスチームは他のチームに無視されたと感じてしまうかもしれません。

　確認したことを示すために「確認しました」というスタンプやサムズアップのスタンプを押す人もいるでしょうが、図表59のようにたくさんのスタンプでリアクションされると、された側はうれしくなり、もっと発信しようというポジティブな感情になります。ちなみに小技ですが、Slackの場合、Shiftを押しながらクリックするとスタンプのモーダルを閉じずに一度にたくさんのリア

クションスタンプを押すことができて便利です。

　たくさんスタンプを付けることも効果的ですが、もっと応援したいときにはコメントも付けるとより感情が伝わり、発信者が勇気付けられるはずです。

■**図表59　たくさんのリアクションスタンプを付ける**

第13章

メールやコンテンツの
テキストコミュニケーション

外部に向けたメッセージにも
ガイドラインを設ける

　外部に向けたメッセージは、ただ効率的なだけではなく、外部からのGitLabへの信頼性を維持する観点も必要になります。そのため、GitLabでは外部に向けたメールやコンテンツを作成する際にも、ルールやガイドラインが設けられています。

　メールやコンテンツに限らず、GitLabのすべてのドキュメントやテキストコミュニケーションに共通する考え方ですが、個人の好きなようにテキストを作成するのではなく、**基準に則ったプロフェッショナルとしてのスタンスを持ち続けること**が重要です。

メールやコンテンツの書き方

　外部向けのメッセージについては、第3章で紹介した**SAFEフレームワークとコンテンツスタイルガイドに基づいて作成します。**
　SAFEフレームワークは公開していい情報としてはならない情報を判断するフレームワークですが、これに照らし合わせることで、外部に公開する上で押さえなくてはならないポイントに気が付くことができます。

　SAFEフレームワークで公開できる情報を見極められたら、次はコンテンツスタイルガイドに基づいてテキストメッセージを組み立てていきましょう。テキストメッセージ全体のトーンはブランドボイスを参考にしながらGitLabのブランドを毀損しないように、明瞭かつ一貫性のある表現を意識します。書式スタイルや文言の使い方もコンテンツスタイルガイドをチェックしながら表

記ゆれや逸脱がないように注意しましょう。

GitLabでは社内向けにメールを使うことはほぼありませんが、メールを使う際には、次のようなガイドラインに従います。

- メール1通につき、用件を1つに絞る
- アクションが必要なくても、常に「全員に返信」で返信する
- 多数の人にメール送信する場合には、BCCを用いる
- プロフェッショナルな挨拶を用いる
- メールの冒頭は相手の名前を記載する
- プロフェッショナルな締め、署名欄を用いる
- メッセージを校正する

●メール1通につき、用件を1つに絞る

1通に複数の用件が含まれているメールは非効率を生むため、用件ごとに新しいメールを作成するようにします。非効率の例を挙げると、もし、1通のメールに1つの用件だけであれば結論をすぐに返信できます。しかし、複数の用件すべてに回答しようとすると、回答の準備に時間がかかり、すぐに返事がもらえるはずの用件についても回答が遅れてしまいます。また、複数の用件が1つのメールに存在すると、回答漏れが発生してしまうことがあります。その場合、曖昧なまま気付かずに進んでしまう用件も発生するでしょう。こうした事態を避けるために、複数の用件がある場合は、メールも複数に分けて送るようにします。

●アクションが必要なくても、常に「全員に返信」で返信する

特に相手に何かアクションを求める必要がない場合でも、全員に返信でメールを受け取ったことを伝えるようにします。「承知

しました」「確認しました」などのシンプルな返信で大丈夫です。こうすることで、相手が届いたことを確認でき、安心して進められます。

●多数の人にメール送信する場合には、BCCを用いる

大量の宛先にメールを送信する際には、BCCを活用することも基本ですが重要です。関係のない人たちに個人情報を漏らしてしまうことにもつながるので、専門のツールを活用するのも良いでしょう。

●プロフェッショナルな挨拶を用いる

メールの冒頭の挨拶はプロフェッショナルさを欠かないようにします。プロフェッショナルな挨拶とは、「お世話になっております」などの一般的なビジネス上のフォーマルな挨拶です。親しい間柄であっても、気軽過ぎる言葉は用いずに礼儀を持って挨拶から始めます。文章の丁寧さは、常に一貫して維持するようにします。

●メールの冒頭は相手の名前を記載する

新しいメールを作成する際や返信を送る際には、誰に宛てたメールなのかわかるように相手の名前を必ず記載します。特に複数の人にメールを送信する際には忘れないようにします。誰に向けて送られたメールなのかを明確にすることで、相手に自分が回答する必要があるのだと伝えることができます。

●プロフェッショナルな締め、署名欄を用いる

メールの締めは、「よろしくお願い致します」などのビジネス

一般的に用いられる礼節をわきまえたメッセージを送るようにします。最後に自分の名前を名乗り、署名欄も最新の状態を常に維持しておきます。

●メッセージを校正する

メールを作成し終わったら、最後に校正を行って送信します。句読点やタイプミスのチェックを行い、文法が間違っていないかをチェックします。GitLabの場合は、Grammarly[1]というAIによる校正チェックツールの活用を推奨しています。

以上のプロセスを経て、GitLabではメールを作成するようにしています。普段は意識することが少ないメールの書き方ですが、こうしたガイドラインがあることでチーム全体が信頼感のあるプロフェッショナルとして社会とつながっていけるようになります。

イシューの作り方

イシューはGitLabのドキュメントを語る上で避けては通れない

GitLabのドキュメントを語る上では、**イシュー**（issue）を避けて通ることはできません。

イシューとは、解決したい問題やトラブル、疑問などに関連する「問題や質問の詳細、タスクなどをまとめたもの」です。作成日や誰が作成したのか、担当者や優先度、期日などを記載できます。

ソフトウェア開発ではイシューを管理することで効率的にプロジェクトを推進することが一般的に行われています。イシューで管理することによって**タスクを一覧的に管理でき、優先度の高いものから対処したり、進捗状況が可視化されているため途中で止まっているものがどういう状況なのか把握したりすることもできるようになります**。イシューの管理はチケット管理と呼ばれることもあります。

ソフトウェア開発以外の現場では、タスクや課題を手早く管理するために、一般的に表計算ソフトがよく利用されます。手軽さが大きなメリットである一方、タスクや課題管理では次のような欠点も見られます。

●コラボレーションが難しい

セルの大きさに制約されるため、表示できるテキスト量が限られており、詳細な記述を促進しにくい傾向があります。また、タスクや課題に対してコメントを追加したり、議論を行ったりする機能が想定されていません。

●リアルタイム性が低い

　表計算ソフトは、複数人での同時編集に対応していない場合が多く、特に同一セル内で複数のユーザーが編集を行うと、後から入力された情報が優先されるため、リアルタイムでのコラボレーションが阻害されます。

●データの永続性が低い

　プロジェクトが終了すると、表計算ソフト内の課題リストが維持・更新されることは少なく、バックログとして蓄積されたタスクがあっても、新たなプロジェクト用に別の課題管理ツールに移行されるケースが多くあります。その際、過去のタスクの履歴やコメントの記載日時などの情報が失われがちです。

●構造化が難しい

　ソフトウェア開発企業では、管理すべきタスクはビジネスゴールから具体的なソフトウェア修正方針に至るまで、さまざまなレベルに分かれています。しかし、表計算ソフトでは、これら異なるレベルのタスクを体系的に構造化して管理するのが困難です。

●トレーサビリティが低い

　タスクや課題には相互の関連性があり、特にソフトウェア開発の現場では開発テーマ、分解されたタスク、ソースコードの修正内容との関係性をリンクで示す必要があります。表計算ソフトでは、これらの関係性を視覚的かつ容易に追跡することが簡単ではありません。

　また、チャットやメールでタスク管理をしている場面もありま

すが、内容に合った「タイトル」を明確に記載できなかったり、タイトルと乖離した内容がやり取りされたりすることがよくあります。これに対して、チケット管理では明確なトピックに基づいたタイトルを設定する必要があるため、これらのコミュニケーション手段と異なり、大きな利点があります。チケット管理は、よりドキュメントに近い形で、整理されたコミュニケーションを実現できるのです。

GitLabの場合はソフトウェア開発者だけにとどまらず、あらゆるメンバーがイシューを活用して業務を進めています。イシューにラベルを設定することで担当の部署に割り当てられます。依頼事項や質問を担当の部署に割り振り、各部署では割り当てられたイシューに対応するか、対応せずに理由を説明してクローズするか、該当する別の部署に転送するといった対処を行います。

部署で対応することを決めたイシューは優先順位を判断し、他のイシューと比較して、どの時期に対処をするべきかを判断していきます。図表60のような**イシューボード**を用いることで、それぞれのイシューが誰に割り当てられて、どのような状態にあるのかを管理できます。締め切りの近いものや着手をして時間が経っているのに進捗が出ていないイシューなどもチェックしやすいため、全体を効率的に把握できるようになっています。

イシューを使わない場合でも、チケットのように業務の管理はするべきです。口頭ベースでは依頼された仕事を忘れてしまうこともありますし、優先度を検討し直すのも困難です。業務を依頼した側も進捗がどうなっているのかを確認するために状況を確認しなくてはなりません。こうした問題は業務が管理されていれば解決できます。

GitLabを活用しない形でもBacklogやJira、Trello、Notionと

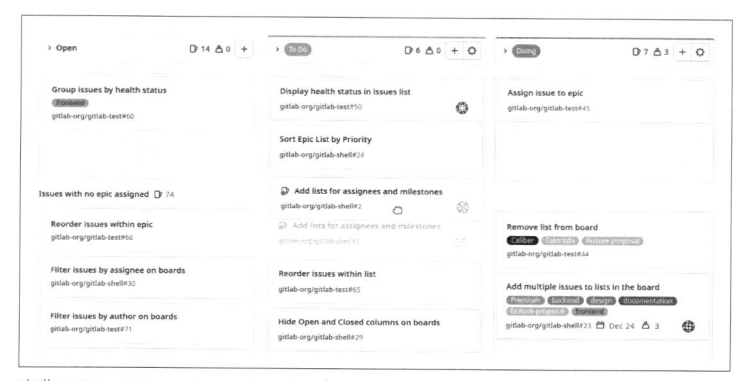

出典：GitLab Docs - Issue boards.（https://docs.gitlab.com/ee/user/project/issue_board.html ）

■ **図表60　イシューボード**

いったプロジェクト管理ツールを活用してイシューのような形で運用することは可能です。イシューの作成方法を知ることで業務を管理できるように整えていきましょう。

イシューの用途

具体的なイシューの用途について説明していきます。イシューはチームによってさまざまな目的に活用できますが、次のようなケースが一般的です。

- ● アイデアの実装
- ● 機能の提案
- ● バグや修正事項の報告
- ● 依頼事項

●質問

●アイデアの実装

　特定の問題を解決するためのアイデアやソリューションを提案するためにイシューを活用します。営業資料を作成したり、プロモーションを実施したりするなど、達成するべき目標や具体的な手法、期間などを記載します。具体的なアクションのプロセスを記載し、実行が完了したらクローズします。

●機能の提案

　プロダクトに対して、特定の問題を解決するための機能を提案するためにイシューを活用します。実現する必要のある機能を具体的に記載し、その項目が実装できたらクローズします。

●バグや修正事項の報告

　バグや修正するべきポイントを見つけた際には、しかるべき部署に向けて報告を上げます。

●依頼事項

　マーケティングチームやコーポレートチームなど、他の部署に対して依頼するべき事項が発生した場合にはイシューを活用して依頼します。その際には、担当者や担当部署がわかるようにラベルを活用するなど、適切にメンションされるように意識しましょう。

●質問

　業務上で確認する必要がある場合には、イシューを活用して質

問します。この場合も、担当者や担当部署に対して適切なメンションをするように意識します。適切なラベルを付けることにより、質問イシューの一覧が自動的にFAQ一覧になるメリットもあり、他のメンバーが同じ質問をしなくて済むようになります。必要があれば、正式なドキュメントに関連する情報を追加したり、より具体的に理解できるように修正したりしましょう。

イシューの書き方

　イシューを作成する際に、記載する要素を見ていきましょう。イシューを作成する際にGitLabが紹介している要素は次のようなものです。

- **タイトル**
- **概要説明**
- **ラベル**
- **担当者**
- **ウェイト**
- **マイルストーン**
- **期日**

- **タイトル**

　イシューのタイトルを設定します。タイトルの付け方は、今まで説明してきた通りにシンプルで意図が明確な表現を用いるようにします。

●概要説明

イシューの概要を説明します。これまでの説明で繰り返し解説してきたように、コンテクストを提供することで解釈の余地を減らすように注意しましょう。可能であれば、提供できる情報が記載されているデータへのURLやデザイン画像なども添付して意図を明瞭に伝えるように心掛けます。

●ラベル

ラベルはイシューを効率的に活用するための非常に重要な要素です。担当する部署を明示したり、現在のステータスを管理したり、実施する時期を明瞭にしたりするために使用します。ラベルが正しく最新の状態に設定されることで、すべてのイシューを適切に管理できます。

●担当者

誰が担当しているのかを明確にします。

●ウェイト

イシューのウェイトは作業量を示し、マイルストーンやエピック（イシューをまとめる上位のチケット）で複数のイシューをグループ化し、全体の作業量を可視化し、進捗管理ができます。

GitLabの場合は、部署やチームにもよりますが、おおよそ半日（約3〜4時間の集中時間）で対処できる作業を1ウェイトとして置いています。作業の難しさを共有するために記載します。すぐに対処できるものに対しては設定しないこともありますが、1〜2時間以上かかる場合にはウェイトの設定を検討しましょう。

●マイルストーン

イベントの開催日やベータ版の公開日など、リリースのスケジュールに合わせてマイルストーンを設定することで、そのマイルストーンの間に対処するイシューを管理できるようになります。

●期日

期日が必要な場合はここに記載します。GitLabの場合は期日を設定することで、期日直前にリマインドメールを受け取れたり、イシューの対応優先度を判断するための判断基準として利用されたりしています。

これらの要素を記載することで、効果的なイシューを作成することができるでしょう。

イシューをベースにして業務ができるようになると、一人ひとりの動きが可視化されます。GitLabではメンバーが世界中でフルリモートで働いているので、まじめに働いているかをチェックしている人は存在しません。しかし、イシューで仕事内容が可視化されているのでまったく問題がないのです。

日本企業は、「人に厳しく、結果に甘い」とよくいわれます。そうなってしまっている原因は、一人ひとりがどんな業務に取り組み、どのような成果を残しているのかが把握できていないから、頑張っているように見える人や長時間働いている人を評価せざるを得ないという状況もあるのではないでしょうか。

多様な働き方が模索され、がむしゃらに労働時間だけを増やして成果を出すという時代ではなくなりつつあります。イシューや業務の可視化を活用して、効率的に成果を上げられる環境を目指してみてはいかがでしょうか。

おわりに　ドキュメントカルチャーを耕していく

　ここまで、ドキュメントの必要性やGitLabがどうやってドキュメントを作成しているか幅広く説明をしてきました。本書をご覧になった方がドキュメント作成スキルを向上させる一助になったり、チームや会社全体のドキュメントカルチャーの醸成につながったりすれば喜ばしい限りです。

　本書を参考にチームや組織にドキュメントカルチャーを根付かせていこうと考えている人に向けて、カルチャーをどうやって醸成すれば良いかについて最後に説明します。

　ドキュメントのカルチャーを根付かせるためには、ただドキュメントの方法を取り入れれば良いわけではありません。チームや組織のメンバー全員がドキュメントをベースに仕事をしていくのだと信じ、実際にルールが守られ、それによって恩恵を感じなくてはなりません。

　組織カルチャー研究の第一人者であるエドガー・H・シャインは著書『企業文化』（白桃書房）の中で、カルチャーとは「共有された暗黙の仮定のパターンである」と述べています。これは、自分たちが学習した結果たどり着いた「勝ち筋」や「当然取るべき行動」が暗黙的に共有されているものがカルチャーであるという意味です。

　つまり、ドキュメントを作成しない人が組織のリーダーシップを取っていたり、ドキュメントを作成しない人が得をしたりする環境の中では、ドキュメントカルチャーを構成することはできません。ドキュメントを作成することが自分たちのやり方であり、それによって社内で評価され、ビジネスが前進しているという共

通認識を作り上げることでカルチャーは醸成できるのです。

　ここまで解説してきた中で、ドキュメントによるさまざまなメリットがあることに共感できたのではないでしょうか。その一方で、序章のビジュアル・シンカーの例で説明した通り、テキストコミュニケーションに対する苦手意識や避けたいという気持ちを持っている人がいることも認識するべきです。ドキュメントカルチャーを醸成するためには、ドキュメント作成が得意な人だけで取り組むのではなく、全員がドキュメントを作成できるように「仕組みを作っていく」というインクルーシブな視点が不可欠です。

　組織やチームを大規模に変えるのであれば、まずは経営やチームの責任者レベルと対話し、期間を決めてでもドキュメントを活用することで効率的なチームを作り上げることにコミットメントを表明してもらう必要があります。ただ、組織に大きな問題が起きていない状態では、現状維持バイアスが働き、大きな変化を起こすことに抵抗感を覚えるかもしれません。キーマンに協力してもらえるように働きかけるのは重要ですが、メリットを感じてもらえていない場合には、一部の限られたチームから試験的に行うことで取り組みを広げていくのもひとつの手段でしょう。

　カルチャーを作るとは、味方を増やして組織内の大勢を占めるということです。味方を増やすためには、チームメンバーと良好な関係性を構築し、相手の事情にも共感を示し、お互いにとってメリットがあることを確認しながら粘り強く協力していかなくてはなりません。

　また、コミットした相手が約束を守っていないときには、責めるのではなく、どうして守ってくれないのかを確認し、改めて協力関係を結び直す必要があります。

　こうした地道な努力を積み重ねることでカルチャーは徐々に広

がり、根付いていくのです。これは社会でも同じことがいえます。ドキュメントカルチャーが根付いた組織が広がっていけば、それを参考にドキュメントを作成しようという人が増え、ドキュメントを活用しようという組織が増えていくのです。

　本書によってドキュメントに価値を感じる人が現れ、活用しやすいドキュメントを作成するチャレンジをする人が1人でも増えれば、ドキュメントカルチャーを育むことにつながっていきます。それがいつか社会がもっと楽に、迷わずに済むようになる一助となれれば幸甚です。

　最後となりますが、本書の刊行にあたり、前作よりも実務的なテーマを扱うことから、実際に働いている状況をご監修いただきましたGitLab社の伊藤俊廷氏、佐々木直晴氏のお力添えなしでは本書を書き上げることはできませんでした。また、本書を執筆する機会をくださった翔泳社、協力を惜しまずサポートしてくれた友人、そして何よりハンドブックで情報をオープンに公開しているGitLab社へ、この場を借りてお礼を申し上げたいと思います。

2024年12月　千田 和央

注

はじめに

1 GitLab, The importance of a handbook-first approach to communication

https://handbook.gitlab.com/handbook/company/culture/all-remote/handbook-first/ (2024/10/10)

2 The GitLab Handbook

https://handbook.gitlab.com/（2024/10/10)

序章　ドキュメントについて知る

1 SHANE SNOW, "WHAT READING LEVEL SHOULD YOU WRITE AT?"

https://shanesnow.com/research/data-reveals-what-reading-level-you-should-write-at (2024/10/10)

2 Klare, G.R. and B.Buck(1954). Know Your Reader: The Scientific Approach to Readability. New York: Heritage House.

3 Doak, C., Doak, L. and Root, J. (1996) Teaching Patients with Low Literacy Skills. 2nd Edition, Lippincott Company, Philadelphia.

4 OECD (2023), PISA 2022 Results (Volume I): The State of Learning and Equity in Education, PISA, OECD Publishing, Paris, https://doi.org/10.1787/53f23881-en.

5 新井 紀子『AI vs.教科書が読めない子どもたち』（東洋経済新報社）2018, 200p.

第1部　GitLabのドキュメントを理解する

1 東京都, テレワーク実施率調査結果3月

https://www.metro.tokyo.lg.jp/tosei/hodohappyo/press/2024/04/10/03.html (2024/10/10)

第 2 章　ドキュメントを組織に導入する必要性

1 GitLab, "GitLab Values - Write things down"
https://handbook.gitlab.com/handbook/values/#write-things-down
(2024/10/10)

2 Latané, B., Williams, K., & Harkins, S. (1979). Many hands make light the work: The causes and consequences of social loafing. Journal of Personality and Social Psychology, 37(6), 822-832. https://doi.org/10.1037/0022-3514.37.6.822

3 エレーヌ・フォックス『脳科学は人格を変えられるか？』（文藝春秋）2014, 168p

4 Esau L, Kaur M, Adonis L, Arieff Z. The 5-HTTLPR polymorphism in South African healthy populations: a global comparison. J Neural Transm (Vienna). 2008 May;115(5):755-60. doi: 10.1007/s00702-007-0012-5. Epub 2008 Jan 11. PMID: 18193379.

5 Loehlin, J. C. (1992). Genes and environment in personality development. Sage Publications, Inc.

6 de Quervain DJ, Fischbacher U, Treyer V, Schellhammer M, Schnyder U, Buck A, Fehr E. The neural basis of altruistic punishment. Science. 2004 Aug 27;305 (5688):1254-8. doi: 10.1126/science.1100735. PMID: 15333831.

7 The GitLab Handbook「Shared Reality」
https://handbook.gitlab.com/teamops/shared-reality/（2024/10/10）

8 Hardin, C. D., & Higgins, E. T. (1996). Shared reality: How social verification makes the subjective objective. In R. M. Sorrentino & E. T. Higgins (Eds.), Handbook of motivation and cognition, Vol. 3. The interpersonal context (pp. 28-84). The Guilford Press.

第 3 章　GitLab のドキュメント・テキスト活用に関する思想とルール

1 The GitLab Handbook「The importance of a handbook-first approach to communication」
https://handbook.gitlab.com/handbook/company/culture/all-remote/handbook-first（2024/10/10）

2 The GitLab Handbook「GitLab Values」
https://handbook.gitlab.com/handbook/values/（2024/10/10）

3 The GitLab Handbook「GitLab Communication」
https://handbook.gitlab.com/handbook/communication/（2024/10/10）

4 The GitLab Handbook「Writing style guidelines」
https://handbook.gitlab.com/handbook/communication/#writing-style-guidelines（2024/10/10）

5 The GitLab Handbook「The GitLab Content Style Guide」
https://handbook.gitlab.com/handbook/marketing/brand-and-product-marketing/brand/content-style-guide/（2024/10/10）

6 The GitLab Handbook「Recommended word list」
https://docs.gitlab.com/ee/development/documentation/styleguide/word_list.html（2024/10/10）

7 The GitLab Handbook「GitLab Communication」
https://handbook.gitlab.com/handbook/communication/（2024/10/10）

8 The GitLab Handbook「The GitLab Content Style Guide」
https://handbook.gitlab.com/handbook/marketing/brand-and-product-marketing/brand/content-style-guide/（2024/10/10）

9 The Associated Press Stylebook
https://www.apstylebook.com/（2024/10/10）

10 The GitLab Handbook「Top Misused Terms - GitLab Communication」
https://handbook.gitlab.com/handbook/communication/top-misused-terms/（2024/10/10）

第5章　GitLabのテクニカルライティングトレーニング

1 The GitLab Handbook「Technical Writing Fundamentals」
https://handbook.gitlab.com/handbook/product/ux/technical-writing/fundamentals/#google-technical-writing-one-pre-class-material（2024/10/10）

2 GitLab Docs「Documentation topic types（CTRT）」
https://docs.gitlab.com/ee/development/documentation/topic_types/

（2024/10/10）

第7章　メッセージの組み立て方

1 東京大学社会科学研究所・ベネッセ教育総合研究所，"高校生活と進路に関する調査2018"
https://benesse.jp/berd/shotouchutou/research/detail_5397.html（2024/10/10）

2 Sheeran, P., Webb, T. L., & Gollwitzer, P. M. (2005). The Interplay Between Goal Intentions and Implementation Intentions. Personality and Social Psychology Bulletin, 31(1), 87-98.

第9章　ハンドブックのドキュメント作成

1 Almanac HP
https://almanac.io/（2024/10/10）

2 Suddenly Remote Handbook
https://handbook.brownfield.dev/（2024/10/10）

第10章　アジェンダの作成

1 The GitLab Handbook「GitLab Meeting Best Practices: Live Doc Meetings」
https://handbook.gitlab.com/handbook/company/culture/all-remote/live-doc-meetings/（2024/10/10）

第12章　Slackのテキストコミュニケーション

1 Josh Bernoff「Bad Writing Is Destroying Your Company's Productivity」（『Harvard Business Review』）
https://hbr.org/2016/09/bad-writing-is-destroying-your-companys-productivity（2024/10/10）

第13章　メールやコンテンツのテキストコミュニケーション

1 Grammarly HP
https://www.grammarly.com/（2024/10/10）

プロフィール

【著者】

千田　和央（ちだ・かずひろ）

東証プライム企業からスタートアップまで幅広く人事責任者を経験。GitLabの手法を取り入れた組織作りが認められ、厚生労働省や東京都から優れたリモート組織やキャリア形成ができる組織として表彰される。著書に『GitLabに学ぶ世界最先端のリモート組織のつくりかた ドキュメントの活用でオフィスなしでも最大の成果を出すグローバル企業のしくみ』（翔泳社）『作るもの・作る人・作り方から学ぶ 採用・人事担当者のためのITエンジニアリングの基本がわかる本』（共著・翔泳社）がある。

【監修】

伊藤　俊廷（いとう・としたか）

日本のSlerでソフトウェア開発、プロジェクト管理、技術調査、海外勤務などの業務に従事した後、アメリカのアプリケーションセキュリティベンダーにて、戦略顧客にソリューションを導入する任務を担う。

現在は、GitLabのAPACリージョンのソリューションアーキテクトとして、技術とビジネス戦略の両面からグローバル市場の顧客がDevOps/DevSecOpsでの成功を実現できるように導く。働き方や組織のあり方に強い興味があり、佐々木直晴とともに以下を発表した。

「GitLabで学んだ最高の働き方」

https://learn.gitlab.com/c/gitlab-presentation-developers-summit?x=JBqxmQ

「組織の自律自走を促すコミュニケーション」

https://learn.gitlab.com/c/effective-communication-for-autonomous-organization-deck?x=JBqxmQ

佐々木　直晴（ささき・なおはる）

2010年野村総合研究所に入社。Webシステムを中心とした開発のテクニカルメンバーとしてさまざまな業種のアジャイル開発プロジェクトに参画し、アーキテクチャ設計やCI/CD環境構築などを担当。

2021年7月よりGitLabに入社し、シニアソリューションアーキテクトとして、導入に際する技術検証や顧客社内の開発プロセスの可視化・刷新などに従事。

| カバーデザイン | 沢田幸平（happeace） |
| DTP | 一企画 |

GitLab に学ぶ
（ギットラボ）

パフォーマンスを最大化させるドキュメンテーション技術

数千ページにもわたるハンドブックを活用したテキストコミュニケーションの作法

2024 年 12 月 9 日　初版第 1 刷発行

著者	千田 和央（ちだ かずひろ）
監修	伊藤 俊廷、佐々木 直晴（いとう としたか、ささき なおはる）
発行人	佐々木 幹夫
発行所	株式会社 翔泳社（https://www.shoeisha.co.jp）
印刷・製本	株式会社 加藤文明社

ISBN978-4-7981-8570-5　　　　　　　　　　　　　　　Printed in Japan